U0222969

101 Dog Tricks

训练狗狗，一本就够了！

狗狗的 101 堂成长课

［美］凯拉·桑德斯（Kyra Sundance）◎著

尼克·萨林贝尼（Nick Saglimbeni）◎摄影

张中良　聂茸◎译

化学工业出版社

图书在版编目（CIP）数据

训练狗狗，一本就够了！/ [美]凯拉·桑德斯（Kyra Sundance）著；张中良，聂茸译.
北京：化学工业出版社，2017.5（2024.11重印）
书名原文：101 Dog Tricks
ISBN 978-7-122-28643-7

Ⅰ.①训… Ⅱ.①凯… ②张… ③聂… Ⅲ.①犬-驯养-图解 Ⅳ.①S829.2-64

中国版本图书馆CIP数据核字（2016）第304884号

101 Dog Tricks, Copyright © 2007 by Kyra Sundance
Published by arrangement with Quarry Books, an imprint of The Quarto Group
简体中文版权通过凯琳国际文化版权代理引进

北京市版权局著作权合同登记号：01-2016-8337

责任编辑：王占景　王冬军　　　　　　　　　　封面设计：王　静
责任校对：王　静

出版发行：化学工业出版社（北京市东城区青年湖南街13号　邮政编码100011）
印　　装：北京利丰雅高长城印刷有限公司
710mm×1000mm　1/16　印张13　字数92千字
2024年11月北京第1版第20次印刷

购书咨询：010-64518888
售后服务：010-64518899
网　　址：http://www.cip.com.cn
凡购买本书，如有缺损质量问题，本社销售中心负责调换。

定　价：59.80元　　　　　　　　　　　　　　版权所有　违者必究

"它是你的朋友、伙伴以及守护者，它是你的狗；你是它的生命、爱恋与主人。作为你人生真正忠诚的伴侣，它将一直追随你直到生命最后一刻。它的奉献如此之重，以至于让你受之有愧！"

——无名氏

目　录

推荐序

"只要一本书，就能够学会怎么驯犬，就可以教会家里的毛孩子101项技能。"虽然这本书在美国已经畅销多年，并且常年霸占亚马逊驯犬类图书第一名，但是对这种说法，我依然半信半疑。

因为驯犬的很多步骤是没办法用语言来清楚描述的，这也是为什么现在的驯犬课程多以视频和线下课程为主的原因。毕竟在训练中，对于狗狗动作的捕捉、步骤的分解以及奖励的时机，不是每个人都可以轻易掌握的。可是，当我读完这本书后，我的这个观点被彻底地打破了。原来陪伴狗狗学习、训练，真的一本书就可以搞定了。

本书在讲解时没有使用生涩的专业术语，而是把每一项技能训练都分解成了若干张关键的图片，易学易教。即使是一名小白，也不会觉得枯燥难懂，而是一目了然，一看便懂，很快便能沉浸在训练的享受中。所以，无论你是打算自娱自乐，还是想给朋友们送去欢笑，亦或是你想让自己在宠友之间瞬间成为被崇拜的对象，这本书都是你的不二之选。

此外，凯拉与查尔茜对本书中的101项技能都亲自实践和表演过。因此，本书中的技巧都属于第一手资料。从教狗狗数数到打篮球，你将从本书中找到自己想要的任何方面的指导。

《训练狗狗，一本就够了！》整本书讲的都是团队协作。凯拉与查尔茜采用了积极的训练与激励方法，把技能学习当做游戏来训练。书中的训练都是专门为开发狗狗某一方面的技能而设计的，从脑力到体力全部囊括其中，同时还能培养主人和狗狗之间的信任与友谊。

每一位主人和自己的宠物之间都应该通过有效的、正确的、正向的、积极的游戏去进行日常的互动、嬉戏，一起去体验和享受这段上帝给予你们的缘分。这不仅会让家中的毛孩子更加地爱你，同时也会减少它们在无聊时候的破坏行为，并且提升你在它们心中的地位、默契和信任。

最后，正如凯拉与查尔茜常说的一句话："与你的狗狗一起体验更多的乐趣吧！"

狗民网｜铃铛宠物App社区运营总监　田莉莉

作者的话

"看看"，我说道，"查尔茜绕杆时总是找不到入口"。

"你应该从一开始就用双杆进行训练。这样训练的话，狗狗从来不会失手。"一名国家级敏捷度教练建议说。

"是的，我们没有这样，"我承认，"我们使用的方法不同。所以，我们现在只能到这个程度。该如何补救呢？"我问道。她摇摇头。

"噢，现在太晚了，"教练说完就走开了。

这位教练认为，既然我用的方法不对，把狗狗训得一团糟，就该立即止损，换条敏捷点的狗从头训练。换句话说，如果能以更低的价格买到更新更闪亮的东西，又何必浪费时间去修理旧的东西呢？

当然，我没有就此放弃查尔茜。我不敢去想：这么多年，我在训练中到底犯了多少错误。我用错误的方法，教了错误的东西。当然，得到的反馈也是错的。我们在训练上一团糟，但我们纠正过来了！我们回到起点，重新传授技巧和学习规则。诚然，这样做有点困难，但并不是做不到。我不希望自己的狗狗成为机器，而我也不是机器。我们尝试，我们学习，我们失败，我们成功。我们一起努力，给了彼此无数再来一次的机会。我的狗狗偶尔还是找不到绕杆入口，但我们随时都可以再来一次。

不管是狗宝宝还是成年狗，不管狗狗是勤奋还是懒惰、是机智还是愚笨，它是你的狗狗，它的成功只需要你来评判。

希望这本书不仅能教给你训练狗狗的技巧，还能让你和狗狗一起体验更多的乐趣。

凯拉与查尔茜

你的狗狗Rover会知道你收拾行李是要准备去旅行；听到你说"沐浴"时，Fido会从床下衔出浴巾；当你心情不佳把Spot抱到膝头时，Spot会感受到你的心情；坐到沙发上，正思考要不要出去走走时，Buster会轻推你的胳膊。人与狗之间诸如此类的沟通让我们明白：生活中，有的狗狗扮演着家人一般的角色。这种关系，如同生活中其他良好的关系一样，需要培养才能葆有活力。

技能训练正是在这样的关系之上确立沟通方法、建立相互信任和尊重的方式。与狗狗一起为了目标而努力，并分享成功的喜悦是一种与狗狗建立良好关系的好方法。重复的训练与持续的努力将使你跟狗狗的沟通更加深入。

你跟外国人交流过吗？你可能会借助手势、图片、声音模仿以及其他令旁观者捧腹的手段。但当对方最终明白你的意思时……"啊，你说的是山羊奶酪比萨饼！"交流的双方对此都会有一种成就感，亲密的关系也就此形成。跟狗狗一起训练会给你和狗狗带来同样的感受。

技能训练绝不仅仅是为了让狗狗掌握一些逗人开心的把戏。更重要的是，它能让你更好地了解狗狗的思维方式，也让狗狗能更好地理解你的口令。在这一过程中所培养起来的信任与合作精神将持续一生。

本书使用方法

你可以从任意一种技能开始学习！不同技能的难度不同，准备条件也有差异。你可以在一节课上训练几种技能，也可以在每节课上训练一系列动作或技能。不要停止训练狗狗已经掌握的动作，温故而知新才能强化技能。

任何类型的狗狗都能学这些技能吗？

当然！而且你会发现，狗狗懂得越多，掌握新技能的速度越快。从某种意义上说，是你教给了狗狗如何学习的能力。

暗示、行动、奖励

技能的训练由三个部分组成：给狗狗暗示的口令或肢体动作、狗狗的反应与行动以及完成动作后的奖励。在狗狗作出反应前，不要通过奖励引导它，也不要期望狗狗在没有收到任何暗示前作出反应。

驯狗人的职责

在一个持续的激励的环境下，引导狗狗完成动作。

引导

引导狗狗完成新的动作，并在这一过程中分步奖励狗狗。每节训练课的目的是让狗狗的表现比上节课更好。

指令一致性

明确你期待狗狗做出的动作是怎样的，学习的动作一定不要空洞乏味。坚持用相同的声音、语调和清晰的发音，给狗狗发出口令。

激励

想想体育教练是怎么做的。他们的工作仅仅是安排好训练时间表，然后贴到更衣室门上吗？当然不是！他们会激励、激发和鼓励运动员！运动员气馁时教练会保持乐观，并拍拍他的肩膀说"做得不错"。对于狗狗来说，你也发挥同样的作用。你在狗狗身上投入的每一分热情都会加快它的学习进度。当你的狗狗做出正确的反应时，请你用高昂的"欢笑声"（是的，你有这样的声音）来表达你的喜悦之情！

时机

想象自己正被积极或消极的反馈引导着在找一样东西。如果反馈滞后，那么你在靠近目标物时得到的就是消极的反馈。这样不仅不能发现目标物，你还会因为前后不一致的反馈而感到挫败。而如果能在正确的时机给出正确的反馈，这个任务该变得多么简单！

在训练时，一定要掐准狗狗完成正确动作的时间（用言语、狗食或响片），并在10秒内给予奖励，否则狗狗会认为你是在奖励别的动作。

我们常犯的错误是奖励得太迟。例如，你让狗狗坐下时，狗狗坐下了。然后，你从兜里掏出食物，它站起来接受。我想问，你是在奖励狗狗什么？你是在奖励它站起来了！食物应该在狗狗完成正确的动作——"坐下"后马上奖励。记住，奖励一定要及时。

激励 / 奖励

"我的狗狗学习技能就是为了取悦我，并无其他要求，这不行吗？"当然，狗狗一般都想取悦自己的主人，但要知道，技能的学习并非易事。难道你让自己的孩子整晚做作业只是为了自己高兴？可能你会这样，但是，一定要给点奖励，比如，看半小时电视或者赏点可口的点心！这会让学习更有趣。

激励或者奖励的形式多种多样：美食、心仪的玩具、响片或是表扬。在本书中，训练主要以食物作为奖励。食物是所有狗狗的最爱，不仅喂食方便，而且能让狗狗马上尝到甜头，这是一种对狗狗做出正确行为的有效反馈方式。训练新技能时，选人吃的食物激励它，如热狗、奶酪、比萨饼皮、面条、肉丸，或者其他让狗狗垂涎的美食。这样，狗狗的积极性才能保持。在训练的初始阶段，玩具会让狗狗分心，原因是找回玩具后狗狗需要一段时间才能专注下来。表扬是不错的方式，但存在随意、不明确等缺点，比如，"不错，不，等等，你动了"。相比之下，用小巧可口的食物奖励完成动作的狗狗，效果更好。

新入行的驯狗师总是吝啬奖励。他们总是用表扬或一般的狗粮奖励狗狗。然而，技能训练取决于狗狗的积极性。因此，如果你想让训练成为狗狗每天的必修课，那么，行动起来吧，给它最好的美食。

有经验的响片训练师，会用响片来表示狗狗正确完成了动作，然后给予奖励。

我走到哪里都要带着食物吗？

与其总是担心袋里的食物不够，不如平时多加训练，养成狗狗对口令的自动反应。举个例子，训练狗狗坐下时——不论你采取什么样的训练方法——你说了500次"坐下"的口令。最终，狗狗学会了。那我相信，狗狗以后听到这样的口令后会很自然地坐下。在最初的500次

训练过程中，狗狗坐下是为了你手里的奖励。但这之后，一旦听到"坐下"的指令，肌肉记忆会让狗狗马上条件反射地坐下。这时，你可以逐步让狗狗戒掉索要食物的念头。当然，不要完全取消，要不定时的奖励。

提高要求

食物是对狗狗的努力给予的奖励。幼儿园的孩子只要能用印章印出自己的名字就能得到一颗星，但同样的奖励，一年级的孩子需要能工整地写出，二年级的孩子则要能用手写体写出。过去给狗狗的奖励，现在要让它付出更多努力才能得到。我们把这称之为"提高要求"。第一次学握手时，狗狗只要举起爪子或者拍到你的手就给奖励。一旦它掌握了这一步后，直到它把爪子举得更高，或者坚持的时间更长，再给奖励。在每个环节，只要狗狗能有75%的成功率，就要提高要求，让它掌握更高的技能以获得奖励。

大奖

我们都无法抗拒大奖的诱惑。一旦中了奖，我们会彻夜守在老虎机前，希望能得到神秘的奖励。对于驯狗来说，比起持续的不变的奖励，这一方法是更有效的激励手段。使用方法如下：让狗狗去完成一个正在学习的动作。完成得不尽人意时，不要给奖励或者少给点奖励；完成得非常好或者比过去好，要给狗狗大奖：一大把狗食！哇！这肯定会给狗狗留下深刻印象。狗狗为了再次得到这样的奖励，肯定会更努力地训练。

同理，多样化的食物能保持狗狗的积极性，因为它会想："这次会不会是热狗？"

帮助狗狗完成动作

保持狗狗积极性的关键是不断让它面临挑战，并经常取得成功。别让狗狗连续失败两三次，否则，狗狗会感到沮丧，甚至罢学。一旦有这种情况，先暂停，转而去温习一些简单的动作。

多花点时间

训练新的技能时，狗狗可能会经常不得要领，不知道如何完成你想让它做的动作。这时，狗狗会扭动

身体，摆动爪子或缠着你，从你手里要食物。你会觉得它可能永远听不懂指令。不要着急。每天坚持练习同一动作，直到狗狗有一天突然开窍。这个时候，你跟狗狗就真的达成默契了。

人们为何会失败？

失败的情况往往是这样：你按照书中所教，让狗狗转圈并拿着食物引诱它转圈。狗狗开始变得局促，冲你的手咬。你抬高嗓门，以更坚定的语气说："转圈！"狗狗自顾自地挠痒，无视你的存在。你揪住它的颈圈，大声喊道："转圈！"

同时用手拉着它转圈。狗狗开始害怕，蜷缩成一团，而你还在一直不停地抱怨自己的狗愚蠢。

缺乏耐心是人们驯狗失败唯一、也是最常见的原因。要知道，即便是不擅长把握时机、不懂协调且缺乏常识的培训师，都比缺乏耐心的培训师更能成功地教会狗狗。

成功的场景往往是这样的：正如本书所教的那样，你手里拿着食物引诱狗狗转圈。狗狗开始变得局促，冲你的手咬。你再次尝试，诱导狗狗转圈。狗狗只是自己挠自己，置你于不顾。你再次尝试，

这次，它转了，虽然有点找不到平衡。你跟狗狗说："耶，真棒！"你一次又一次地尝试，可能数百次，甚至整整一天。终于，狗狗做到了。你幸运地拥有了世界上最聪明的狗！

狗狗进步得很慢，容易让人灰心。然而缺少耐心，就无法保持平和的心态以及训练方法的一致性。

每一次训练都完美结束

让狗狗学习新动作很辛苦。要让训练有趣味，并在狗狗意犹未尽时结束训练。最后在狗狗成功完成一个动作后结束，哪怕是前面学到的简单动作。

循循善诱VS强行操控

显然，想要狗狗做出正确动作的方法有两种：用食物或玩具引导狗狗，或者直接用外力操纵狗狗。无

疑后者更快更准确，但实际上，这将延迟狗狗的学习过程，变相地鼓励它放弃主动性，只是被动等待。狗将不会自己开动脑筋，也不会学习自己移动身体来掌握运动技能。因此，在可能的时候，尽量选择诱导的方法，让狗狗自主学习。

用"哎呀"代替说"NO"

技能训练跟服从训练相反。技能训练允许狗狗犯蠢，并鼓励它的独立行为。你要在训练课上保持热情，否则狗狗会因为害怕犯错而止步不前。狗狗淘气时，不要跟它说"NO"。即便是狗狗做得不对，那也可能不是故意而为。不要说"NO"，尝试说一句更暖心的"哎呀！"

先表扬，再触摸，最后犒赏

如上所述，在正确的时机给狗狗奖励非常关键。教授新的技能时，食物通常被用作诱饵，并及时用来奖励狗狗正确的行为。对于更普通的服从训练，或者训练课结束时，奖励的次序如下：口头表扬，拍拍狗的头，最后才是食物。这不仅能让狗狗保持冷静，还能培养狗狗的联想能力——狗狗能把口头表扬与你的触摸关联起来，再把你的触摸与食物联系起来。

解除口令"OK"

狗狗需要了解什么时候受你控制，什么时候可以自由行动。比如，狗狗被命令趴下或待着不动时，会一直保持这一姿势，直到你说出解除的指令。"OK"是最常用的解除口令。一节训练课结束时，说出"OK"的口令，让狗狗自由活动。"OK"也可以作为狗狗跳出车辆、扑向玩具或跟其他狗狗玩耍的口令。

使用手势的目的何在？

狗狗可以根据口令或手势进行表演。在安静的电影院里表演时，手势尤其奏效，同时能给出更多的选择。孩子问狗狗问题时，你的微妙的"应声作答"手势能引导狗狗做出回应。大部分狗狗更乐意对手势而不是口令做出反应。不妨和你的狗狗试试：一个动作用口令，另一个用手势。更多时候，狗狗会根据你的手势表演。

可以自己设计训练口令与手势吗？

有些训练需要标准化的口令与手势，比如，基本的服从指令与敏捷指令。它们被广泛使用，并且有充足的理由演变至此。使用标准化的口令与手势大有裨益，尤其是当你的狗狗具备表演明星的潜质时。手势也许看起来比较随意，但通常是从初期的训练方法演变而来的。比如，抬高手让狗狗坐下的手势，就是从最初拿着诱饵向上引诱狗狗坐下的动作演变而来。向下手势表示下蹲，对应于最初引诱狗狗趴到地上的动作。脚趾触地的指令——鞠躬——来自于狗狗对地板的兴趣，哄狗狗把头放到地上。向右转动手腕是教狗狗转圈的手势的简化版本。

当然，技能训练并不是一件生死攸关的事情，完全可以自己设计口令与手势。提醒一句：训练的技能越多，口令会越快用完。"向左"和"向右"之类的指令很容易在一开始就被使用，但有时候得留着用于其他技巧的训练。

可以自己设计技能训练吗？

一些最好的技巧往往是偶然发生的！在学习装死的技巧时，假如狗狗装死的时间很长，又表现得很辛苦，那你可以发挥它的创意，顺势进行训练。在服从训练课上，你的任务是把正确的动作教给狗狗，而狗狗的任务就是完全根据你的指令作出准确的反应。而你跟狗狗在技能训练中是个团队。因此，训练过程应该是一个协作过程。

指令链

这是训练中真正有趣的部分。在学完单个动作后，你可以把不同的动作连接起来，并加以命名。比如，为了让狗狗把自己卷进毛毯的技巧给人留下深刻印象，我们创造出"晚安"这一指令，来囊括一连串动作：过来、趴下、拿住、翻滚、头朝下。指令链的使用方法多种多样，甚至在实践中也是不错的脑力训练方法。即便是简单的"瞄准、坐下"指令链，也能让狗狗开动脑筋，连续完成两个动作。

训练狗狗要多长时间？

把孩子培养成才要多长时间？运动员掌握技能要多长时间？练多久钢琴才能成为音乐家？显而易见，驯狗是一项持续一生的事业。虽然狗狗有时在听到口令后能作出反应，但是，要想保持并不断提高狗狗的技能，反复的训练以及改进必不可少。让狗狗经常挑战新的技能，然后你会发现，你跟狗狗之间配合的默契度将成倍提高。

现实的预期

看到本书的目录后，你的脑海里可能会浮现出美好的画面：自己坐在沙发上，狗狗从冰箱给你拿咖啡、帮你做家务，整理散落一地的玩具等等。你要是真这么想的话，那我现在就给你泼盆冷水。你一定要明白，没有你的指令，狗狗永远不可能独立完成任何复杂的任务。当然，没有奖励也不行。要想完成这样的任务，不仅要求你跟狗狗有密切的眼神沟通，而且还需要多重口令与手势的配合。记住，这些模仿人的日常简单动作，对狗来说都极有挑战性。

让我们开始训练吧！

你正在成为下一位伟大的驯狗师。带上你的诱饵、狗狗最爱的玩具以及这本书。让我们开始吧！

10大驯狗小贴士：

1. 使用可口的食物。
2. 狗狗在保持正确的姿势时给予奖励。
3. 及时奖励（不要再花时间去从口袋掏出食物）。
4. 饭前训练。
5. 玩耍前训练。
6. 狗狗意犹未尽时结束训练。
7. 保持一致。
8. 激励——用你最快乐的声音。
9. 耐心——训练不会一蹴而就。
10. 快乐与狗相伴。

第一章

基 础 训 练

在训练狗狗时，"服从"一词经常被误读为对狗狗行动的强制性支配。但我们可以换个角度看，将服从技能视为一种基础训练，而这是狗狗与主人能否和睦共处的基石。能够根据口令坐下、趴下、过来和保持某一动作不动是狗狗有教养、乖巧的标志之一。本书介绍的绝大部分训练都离不开这些基本动作，而且，多花点时间学习一下基本动作能让未来的训练之路更加顺利。

"假如我的狗狗已经学会了这些基础动作，为什么我们还要继续训练它们呢？"

先看看这些现象：音乐会开始前，钢琴师都要通过练习指法来热身，奥运体操运动员通常会在赛前来几个空翻，老师则需要定期回顾课程计划，NBA球员也需要经常练习罚球。

相比仅仅让狗狗按指令行事，服从训练有着更重要的目的。这是一项脑力训练，也是一项舒适的常规训练，能让你与狗狗之间不断建立默契。用这些熟悉的动作进行热身，能给予狗狗学习新动作的信心。

坐下

训练内容：

狗狗用后腿端正地坐下，直到指令解除。

① 站在或跪在狗狗面前，手握食物，举到它头上方高一点的地方。

② 慢慢拿着食物往狗狗头部后上方移动，让狗狗鼻子朝上，臀部下沉。如果狗狗的臀部没有向下蹲，则继续朝狗狗尾巴方向移动食物。一旦狗狗的屁股触地，就马上喂给狗狗食物，同时说"做得好"，用以强化该动作。

③ 如果狗狗对食物诱惑不感兴趣，就用中指和拇指压按狗狗臀部的任意一侧（胯骨前部）。同时，拉着牵引带让狗狗上身后仰，坐到地上。狗狗一坐下就马上表扬并奖励。

④ 一旦狗狗能保持坐姿，要等几秒钟再给予奖励。记住，要等狗狗保持正确的坐姿时再给予奖励。

预期效果： 6周大的小狗即可开始学习这一指令，并且，这通常是狗狗学习的第一个技能。一周内，狗狗就能小有所成。

口令
坐下

手势

疑难解答
我的狗狗总是跳起来够我手里的食物
可以把食物放低一些，让狗狗站着就能够到。

我的狗狗坐下后总会频繁地站起来
用温和而坚定的语气坚持让狗狗保持坐姿。一旦学会坐下，狗狗就应该保持这个姿势，除非你给出解除命令。

小贴士！ 在每次开饭前命令狗狗坐下。这能加强主人的领导地位，并培养很好的礼仪。

① 手里拿着食物，举到狗狗脑袋上方。

② 朝尾巴方向一直向后移动。

③ 一边向上拉牵引带，一边按压狗狗的臀部。

趴下

疑难解答

我的狗狗抗拒这个动作

狗狗把趴下视为对你的屈从。所以如果它拒绝这个动作，那么你需要评估你作为主人的领导地位了。

我的狗狗不能保持趴着的姿势

如果狗狗站起来，则不要给奖励并让它继续趴下。狗狗想站起来的话，就踩在它的牵引带上，让它重新趴好。

我的狗狗在这个房间会趴下，换个房间就不管用了

注意地面。短毛狗不愿意趴到坚硬的地面上。可以铺个地毯或毛巾试试。

提升训练！ 学会"趴下"的动作后，"匍匐前进"（→P.144）的动作就很容易学会了。

小贴士！ 狗狗跳到你身上或沙发上时，要用"下来"的口令，而非"趴下"。

训练内容：

狗狗胸腹朝下或侧着屁股趴到地上。这一重要指令有助于防止危险情况的发生，比如穿过危险的道路交叉口时。

① 让狗狗在你面前坐下，拿着食物凑到它鼻子前面，慢慢地把食物放低到地面。

口令
趴下

手势

② 运气好的话，狗狗会嗅着食物慢慢趴下。这时，给狗狗奖励并表扬。记得一定要在狗狗趴下，动作做到位以后再奖励。如果狗狗只是弯曲了身体，拿着食物缓慢地朝着它两只前爪之间或远离狗狗的方向移动。这可能需要点时间，但狗狗最终能够趴到地上。

③ 狗狗对食物诱惑不感兴趣时，轻轻按压它的肩部，向下推它，让它在一侧趴下。当狗狗趴下后就表扬它。诱导狗狗完成指令要比直接控制它的身体更可取。

④ 狗狗能保持趴下的姿势时，逐步延迟奖励。狗狗趴下时，要先说"等等，等等"，然后说"真棒"并奖励。奖励时间的变化能让狗狗的注意力保持集中。在你给出解除口令OK前，狗狗应该一直趴在原地。

预期效果： 牧羊犬、性格安静或者大块头的狗，相比长腿、厚胸以及亢奋的狗狗，更容易学会趴下的指令。成年狗以及任何年龄的狗崽都能学习该动作。

训练步骤:

① 把食物举到狗狗鼻子前。

② 放低食物到地面。

前后来回移动食物。

狗狗一趴下就奖励。

③ 往一侧向下按压狗狗。

别动

训练内容：

让你的狗狗保持现有的姿势直到口令解除。

① 做这个训练时，可以先让狗狗坐下或趴下，因为狗狗在处于这两个动作状态时不太会乱动。拉着牵引带控制狗狗。站在狗的正前方，举起手掌放到它的鼻子前，认真地对它说"别动"。

口令
别动
手势

② 退后一些，与狗狗保持眼神接触，然后再走上前。如果狗狗待在原地未动，对它说"做得好"并拿出食物奖励它。切记一定要在狗狗保持原姿势不动时才给食物。

③ 如果在你给出解除命令前，狗狗移动了，要温柔但坚决地把狗狗送回到让它待着别动的位置。

④ 逐步延长让狗狗待着别动的时间，逐渐拉长你跟狗狗之间的距离。如果你想让狗狗表现得更出色，那么一旦它动了，则回到它能够保持的时间和距离重复练习。

预期效果：你的语调与肢体语言是传递信息的重要组成部分。一定要严格训练并坚持下去，用不了几次，狗狗就能开始理解这个指令了。

疑难解答

我的狗狗总是站起来

训练本技巧时，语言交流尽可能少。说话会激发行动，而你想要的是让它不动。坚定而明确的肢体语言能传递你的严肃。

我的狗狗似乎在命令解除前一刻就开始动了

奖励前不要让狗狗看到食物，因为食物会引诱它向前。变化你的做法：可以有时走进狗狗但却不给食物就走开，训练它的耐力。

小贴士！"别动"的意思是一点都不能动，直到指令解除；而"等待"更随意一些，指的是待在某个位置一段时间，不离开原位即可。

① 命令狗狗待着别动。 ② 退后一段距离。

③ 狗狗如果动了就让它回到原来位置。

过来

口令
过来

手势

训练内容：

听到"过来"的指令时，狗狗能应声而至。在比赛中，直到狗狗跑过来坐到你面前，该指令才算完成。想要让狗狗一直服从这一指令，你作为主人的领导身份一定要确立。狗狗完成指令后，一定要给予口头表扬或者食物奖励。然而，如果狗狗不执行你的命令，就会被视作重大违规，需要你亲自把狗狗送回原来的位置。

① 用6英尺（约1.8米）长的牵引带系着狗，给出"过来"的指令，然后迅速卷起牵引带，让狗狗走到你面前，并奖励它。发出指令的语气要愉快而坚定。指令只给一次。

② 狗狗进步后，换更长的牵引带。

③ 当你觉得可以去掉牵引带练习时，要选择封闭的区域。如果狗狗没有听从你发出的第一个指令，走到它跟前，将它带到你发出指令的地方。第一次给出指令时，如果不是狗狗自行完成动作，就不要奖励它。再次换上长的牵引带，等到狗狗成功完成5次动作后，再去掉牵引带练习。

预期效果：狗狗能很快掌握该动作指令，但需要一直持续进行练习与巩固。

疑难解答

去掉牵引带后，我的狗狗就跑了

别去追狗狗，否则只会让它跑得更快。站在原地，命令它过来。狗狗都会听从主人的命令。

每次使用这一指令都需要有效地执行吗

是的，如果你不准备有效地执行这个指令，就不要发出这个命令。相反，你可以叫狗狗的名字或者说"过来，小伙子！"

小贴士！只有让狗狗做它喜欢的事情时才发出"过来"的指令。去洗澡或看兽医时，不要发出"过来"的指令，直接带着它去就行。

① 往回收牵引带，让狗狗走到你面前来。

② 换更长的牵引带练习。

③ 在封闭区域内去掉牵引带练习。

第二章

最受欢迎的传统技能

从穴居人与狼分享骨头开始，取物、握手、应声作答与装死等这些或有用，或无用，但却一直魅力不减的技能就一直存在着。即便没有名贵的血统，但一条狗如果能在听到"bang"的指令后马上倒地装死，或者能够礼貌地与客人握手，这足以让狗狗从你朋友的宠物中脱颖而出！诚然，我们都期待狗狗有如此本领，但真要想把狗狗打造成训练有素的灵犬，你就得把这当成一项任务，甚至是责任。

本章内容简单易学、通俗易懂，因而经久不衰，广受欢迎。这些训练利用狗狗自然的行为举止，将其中的一些动作与口令相关联。比如说，你家狗狗会发出叫声吗？给出一个指令，诱导其发出叫声，然后给与奖励。这再简单不过了。通过训练，未成年的猎犬就能掌握如何"取物"，而活泼的狗狗在主人鼓励下还会兴奋地跟人握手。现在，让我们马上开始学习这些备受欢迎的传统技能吧！

握手—左爪与右爪

训练内容：

掌握这项技能后，狗狗能礼貌地把爪子伸到胸前，允许客人跟它握手。左右两只爪子都要训练。

口令
握手（左爪）
伸爪（右爪）

手势

① 首先，让狗狗在你面前坐下，右手拿着诱饵，放到接近地面的高度。一边对狗狗说"握手"，一边鼓励它伸爪够你的手。一旦狗狗的左爪离开地面，就拿出食物奖励它。

② 慢慢抬高手的位置，引导狗狗把爪子伸到齐胸高度。

③ 向使用手势过渡。站起来，左手拿着诱饵，放在背后，在说出"握手"的指令时伸出右手。狗狗抓到你手时，握住它的爪停留在半空，同时拿出诱饵奖励它。

④ 用同样的步骤训练狗狗的右爪，使用"伸爪"的口令。

预期效果： 任何一只狗狗都能学会这一技能。这一直都是一个讨人喜欢的姿势。每天重复几次，在狗狗表现最好时中止训练。左爪和右爪分别训练熟练后，还可以把这两个动作连贯起来，在"握手"和"伸爪"之间快速转换。

疑难解答
我的狗狗没有抓我的手，而是用鼻子嗅
轻敲狗狗的鼻子阻止它。狗狗可能会吠叫、用鼻子蹭你，或者干脆一动不动。保持耐心，并且不停鼓励它。如果狗狗不能自行举起爪子，轻轻拍打或者帮它抬起来，然后给予奖励。

提升训练！
掌握了"握手"与"伸爪"后，可以通过类似动作训练"合作直踢腿"（→P.176）和"挥手告别"（→P.202）。

小贴士！ 一旦狗狗做出了你想要的动作，立即说"真棒"肯定它的表现。

训练步骤：

① 右手藏着奖励，放到接近地面的高度。

② 随着狗狗的进步，逐步抬高你的手。

③ 站起来，暗示狗狗。

给奖励时握住它的爪子。

取物／叼物

训练内容：

教狗"取物"时，指引狗狗取回一个指定的东西。"叼物"是指命令狗狗叼住够得到的东西。

取物：

① 用一个美工刀在网球上开个口子（2.5cm），让狗狗看到你把食物放进去。

② 调皮地把球扔出去，兴奋地拍自己的腿，或者从狗狗身边跑过，以此激发狗狗把球取回来。

③ 狗狗把球取回来时，捏住球让食物掉出来。由于狗狗自己取不出食物，它就会学着把球叼回来给你，以得到奖励。

口令
取来（取回） 叼住 （叼起够得到的东西）

叼物：

① 选一个狗狗喜欢的玩具，然后高兴地给它，同时发出口令。

② 让狗狗叼着玩具几秒钟后，把玩具拿出来，用食物跟狗狗交换。狗狗进步后，在奖励之前，延长狗狗叼玩具的时间。只能从狗狗嘴里拿走玩具以后，再给奖励。狗狗自己丢掉玩具时，不要奖励。

③ 要学会创新！在狗狗围着场地跑时，可以让它叼着一杆旗或者衔着一个写着"喂我"的可爱标语。叼着烟斗的狗狗总会让你忍俊不禁，而叼着一篮子鸡尾酒餐巾纸的时髦狗肯定会给人留下深刻的印象！

预期效果： 许多狗狗都是天生的猎犬，几天内就能学会。

疑难解答
我的狗狗对追球毫无兴趣

自己追球，同时表现得很兴奋，以此来激发狗狗。用球棒击球，或者把球投到墙上反弹回来。把追球当成比赛，同狗狗比赛谁更快。

我的狗狗叼着球跑了

当狗狗将球叼走跑到远处的时候，千万不要去追它。用奖励做诱饵引诱狗狗，或者从它身边跑过，鼓励它追你。还可以再拿一个球来吸引它的注意力。

提升训练！ 狗狗掌握了"取物"的动作后，可以以此为基础进一步练习：取拖鞋（→P.36）、取报（→P.40）、找回指定物（→P.184）。还可以在此基础上练习：拿包（→P.44）

小贴士！ 网球叼得过多会导致牙齿磨损。狗狗如果爱嚼东西的话，可以换硬一些的橡胶玩具。

训练步骤：

取物：

① 在网球上开个口子，把食物放进去。　② 调皮地把球扔到远处。　③ 等狗狗叼回球以后，捏开球，把里面的食物拿出来。

叼物：

① 让狗狗叼住一个它最爱的玩具。　② 用食物跟它交换。

③ 让狗狗叼住其他物体。

放下／给我

训练内容：

听到"放下"的指令后，狗狗会松开嘴里的东西，把它放到地上；而"给我"的指令是让狗狗把东西放到你手上。

放下：

① 狗狗对食物或玩具感兴趣吗？指着地面，命令狗狗放下嘴里的东西。站在原地不动，一直重复你的指令。这可能需要好几分钟，当狗狗最终放下玩具时，再将食物或者玩具还给它。

口令
放下
（放到地上）
给我
（放到手里）

给我：

① 狗狗嘴里叼着玩具时，对它说"给我"，同时用食物交换它的玩具。狗狗要松开玩具才能吃到食物。当狗狗松开玩具时，用食物奖励它。

② 把玩具还给狗狗，让它知道交出玩具并不代表玩具会被拿走。

预期效果： 狗狗在交出玩具的意愿上有所差异。养成只有在狗狗愿意交出玩具时再将玩具还给它的习惯。

放下： ① 指着地面，发出"放下"的指令。

给我： ① 用食物交换狗狗的玩具。

疑难解答

我的狗狗不愿放下嘴里的玩具

试着换一个不太具有吸引力的玩具。当狗狗听从你的指令后，用它更感兴趣的玩具奖励它。

我能强行拿走狗狗嘴里的玩具吗？

不能，这样可能导致狗狗故意或是无意地咬你。一个让狗狗松口的比较好的方法是向上拉它胸部一侧的肌肉。

提升训练！ 在狗狗掌握了"放下"的动作后，可以以此为基础训练"整理玩具"（→P.46）与"篮球"（→P.90）的动作。

小贴士！ 打开狗狗的嘴巴进行检查时，把手放在狗狗的鼻子上，用手拉它的嘴角，将其上下颌分开。

保持平衡和接住

训练内容：

狗狗能让放在鼻子上的食物或玩具保持平衡，并在听到你的口令时，抛下来并接住它们。

口令
等等，接住

① 让狗狗在你面前坐下（→P.15）。温柔地扶住狗狗的鼻子使其与地面保持水平，然后把食物放到它的鼻梁上。小声地对狗狗说"等等"。

② 保持这一姿势几秒钟，然后放开狗狗的鼻子，同时给出"接住"的指令。精力充沛的狗狗可能会把食物抛得很远，然后再追逐它，把它叼回来。这时可以沉着、冷静地对狗狗说"接住"，让狗狗慢下来。磨练狗狗的能力，直到它每次都能完成这个动作。

③ 如果食物掉到地上，狗狗却置之不理的话，假装跑去跟狗狗抢食物。这样狗狗才会明白必须接住食物，否则掉在地板上就会被你拿走。

④ 狗狗取得进步后，你的手就不用再放在它的鼻子上了，让狗狗自己学会保持食物的平衡。把食物放到狗狗鼻头上比较容易接住，但这一条并不是对所有的狗都适用。

预期效果： 有些狗狗天生协调能力就好，但所有狗狗的运动机能都能通过这个技能的训练有所提高。

① 让狗狗的鼻子跟额头保持水平，再把食物放上去。

④ 狗狗能保持平衡后，拿开你的手。

不断练习能让狗狗接得更准。

疑难解答
我家狗狗的鼻梁太短怎么办

虽然长着狮子鼻的狗狗也能学会这一技能，但要困难得多。使用弯曲的食物，比如湿面条，狗狗才更容易把握平衡。

狗狗准备咬住食物时，食物掉到地上了

在这种情况下，你也可以假装跟狗狗抢食物，让狗狗快速衔回食物。

提升训练！ 增加难度：让狗狗一边平衡鼻梁上的食物，一边做"求求你"（→P.28）的动作。

坐直／求求你

训练内容：

"请求"不管用时，也许就该乞求了！让狗狗先坐下来，然后抬起上身，臀部着地。狗狗应该两条后腿着地，脊背挺直，爪子收到胸前。后腿、臀部、胸膛、前肢以及头部的协调对于狗狗的平衡至关重要。

小狗：

1. 让狗狗面对你坐下（→P.15）。拿食物引诱它把头抬起，同时发出口令"求求你"。让狗狗能轻咬你手里的食物，诱导它保持姿势不动。如果它的后腿起来了，适当降低食物的高度，轻拍狗狗的臀部，让它坐下。

2. 随着狗狗平衡能力的提高，逐渐远离狗狗，转而使用口令与手势。停几秒钟，再把食物扔给狗狗作为奖励。记住：一定要在狗狗保持正确姿势时奖励，而不要在它放下前爪时奖励。

口令
求求你
手势

大狗：

1. 让狗狗坐下。站在狗狗身后，脚后跟并拢，脚尖分开。

2. 用食物引诱狗狗把头往后抬起，直到它把两前腿举起来。另一只手扶住狗狗的胸部。狗狗会逐渐自己找到平衡。等狗狗自我平衡能力提高时，减少手扶的力度，只需在背部或胸部轻触即可。

预期效果： 有些狗狗能够很轻松地完成这个动作，而对有的狗狗来说，掌握平衡就相对困难一些。这个动作能提高狗的大腿与后背的力量，让狗狗从中受益。最终，狗狗能坐起来乞求你的表扬。

"我最喜爱的东西：湿草、马粪、小猫的毛球。"

疑难解答

我的狗狗总是跳起来要食物

手动得不要太快。狗狗跳起来时不要给奖励。

我的狗狗用两条后腿站了起来

把手放低，轻声说"坐下"。把食物放到接近狗狗的脸位置。

我的狗狗保持不了平衡怎么办

小狗跟体型较圆的狗更容易完成这一动作。大块头、身型长和魁梧的狗狗也能掌握"求求你"的动作，但需要更多的时间练习平衡。

提升训练！ 现在，狗狗能很轻松地保持平衡，那么尝试教狗狗用后腿站起来或走路。

小贴士！ 让小狗站在桌子上训练更为方便。

训练步骤：

小狗：

① 让狗狗坐下，用食物引诱它把头抬起。

让狗狗能咬到食物。

② 狗狗找到平衡后，逐渐远离它。

大狗：

① 站在狗狗身后，脚后跟并拢，脚尖分开。

② 一只手拿着食物引诱狗狗抬起头，另一只手扶住狗狗的胸部。

应声作答

训练内容：

狗狗听到口令后发出叫声。

① 观察你的狗狗在什么情况下会叫——听到门铃、敲门声、看到快递员或者你手里的牵引带——利用这些刺激物来训练本技能。多数狗狗听到门铃后会叫，我们就以此为例。站在大门前，让门开着，便于狗狗听到门铃声。发出"叫"的口令，然后按下门铃。狗狗叫时，马上犒赏，并用"叫得好"强化该行为。重复这个训练步骤大约6次。

口令
吠或叫
手势

② 继续练习，不按门铃，直接发出口令"叫"。可能要多次发出口令，狗狗才会叫。如果狗狗始终不叫的话，就返回到上一步进行训练。

③ 在不同房间进行训练。说来也怪，这对狗狗来说是比较困难的转变。如果狗狗在哪个环节做得不对，就返回到前面的训练步骤。

预期效果： 假如有可靠的方法刺激狗狗发出叫声，那训练一次它就能掌握这个技能了。

疑难解答

我的狗狗是个爱叫狂怎么办

除非是你让狗狗叫，否则不要给它奖励。要不然，狗狗一想跟你要东西时就会乱叫。

我找不到让狗狗叫的方法

狗狗失望沮丧时经常会叫。或者用食物挑逗狗狗："想要吗？来，叫一个！"

提升训练！ 在掌握了应声作答的基础上，训练"数数"（→P.180）的技巧。

小贴士！ 放低声音，手指着你的嘴唇，跟狗狗说"小声叫"。当狗狗低声叫时奖励它。

① 按门铃。

② 尝试只用口令引狗狗发出叫声。

③ 换个位置，给狗狗口令。

打滚

训练内容：

狗狗四脚朝天，从一侧滚向另一侧。

口令
打滚

手势

1. 让狗狗面对你趴下（→P.16）。你单膝跪在狗狗面前，把食物举到它头的一侧，准备引导它向相反的方向打滚。

2. 对狗狗说"打滚"，然后把食物从它的鼻子移动到肩膀处。这样能引导狗狗向一侧翻滚。表扬并奖励狗狗。

3. 准备进一步训练时，继续把食物从狗的肩膀向颈背移动。这样能引导狗狗四脚朝天地翻滚到另一侧。狗狗完成动作后，马上奖励。

4. 狗狗把动作做得越来越好时，要逐渐淡化手势的使用。

预期效果： 每次训练练习5~10次，两周后，狗狗就能在听到指令时打滚。

② 把食物从狗狗的鼻子往它的肩部方向移动。

③ 继续向狗狗的颈背移动。

疑难解答

我的狗狗在地上扭动，不朝一侧翻滚怎么办

这是你手位置的问题。你让狗狗的脖子呈拱形，就像看起来在努力用鼻子触碰肩膀一样。不要用手推它翻身，否则狗狗会理解为一种控制动作而表示服从，以后就很难自己完成动作了。

我的狗狗能侧身，但不能继续四脚朝天地打滚

在这种情况下，引导它的前腿跟着你的手移动，帮助它完成打滚。

提升训练！ 在学会该动作的基础上，训练"裹毛毯"（→P.48）。

小贴士！ 大多数狗狗都习惯朝某一个方向打滚，因此在初教这个动作时，最好先尝试狗狗较为习惯的方向。

装死

学前准备
别动（→P.18）
打滚（→P.31）

疑难解答
我的狗狗装死后，还在不停摆尾
放低声音，以更强硬的命令口吻阻止狗狗摆尾。其实也没什么好担忧的，这反而会让观众哄堂大笑。

我的狗狗的"死相"很痛苦又很缓慢，似乎还得补几枪才能死绝。
你可以即兴表演"讨厌，咽气吧！你已经死了！别抢戏了！"

小贴士！ 由于开枪的手势可能不适合儿童，你可以考虑使用"boo"吓一吓狗狗，让它装死。

"我不喜欢的事：洗澡、猫咪睡我床、独自在家。"

训练内容：

狗狗四脚朝天，躺在地上装死。狗狗一直保持姿势不动，直到你让狗狗奇迹般地复活。狗狗像是听到你说："举起手来，否则我就毙了你。"

① 先让狗狗练习一些其他动作，在准备休息时训练本技能。你单膝跪在地上，让狗狗趴下（→P.16）。把食物放在狗狗头部的一侧，然后移向狗狗肩膀处，与训练打滚（→P.31）一样。这样，狗狗会侧倒在地上。

口令
bang
手势

② 用手扶着狗狗的上腹部，引导狗狗仰面躺在地上。一旦它做到这个动作，就用手摸摸它的肚皮并表扬它，同时对它说"bang bang"以加强狗狗对口令的记忆。

③ 狗狗有进步时，不再用手帮助它，而是单独靠食物引导它完成动作。如果狗狗想打个滚而不是保持这个姿势，用手按住它的肚子，让它保持不动，然后慢慢拿开手，让狗狗自己学会保持。

④ 持续练习这一动作，直到你能用"bang"的口令与手势引导狗狗完成动作。在你给出"OK""你得救了"或是其他的解除指令前，狗狗要一直保持不动。

预期效果： 这个姿势可能会让狗狗感到别扭，因此需要花点时间适应。可以同打滚的动作一并训练，让狗狗明白两者的区别。

训练步骤：

① 让狗狗在你面前趴下。

用食物引导它朝一侧翻身，就像学习打滚动作一样。

② 继续引导它仰面躺下，扶住狗狗让它保持不动。

④ 继续训练，直到狗狗在听到口令时能完成装死的动作。

第三章

家务时间

很早以前，狗就成为了人类的朋友。人类与狗之间存在某种和谐共存的关系，互相为彼此提供服务。人类为狗狗提供了其所需的食物、住所以及医疗照顾。而狗也在很多方面为人类提供了帮助，比如，拉车或雪橇、守护牲畜、追捕猎物以及防卫恶徒等等。当然，在现代社会，这样的帮助或许已然过时，但这并不意味着狗狗已经失去了价值。毕竟，狗狗还是能帮我们完成很多日常事务。

其实狗狗也想做些事情，让人类知道它的价值，并获得表扬与成就感。在本章中，你将帮助狗狗学到一些对你日常生活有帮助的实用技巧。当然，要让狗狗掌握这些技巧，需要你付出努力，但这样的付出是值得的。想想看，狗狗能每天给你取早报、拿拖鞋以及整理玩具。这将为你节省多少时间（可以让孩子也尝试尝试）！

狗狗会非常热情地完成自己认为重要的工作。狗狗给你拿报纸后，一定要花点时间表扬它。不要随手把报纸丢到桌子上，不理狗狗。狗狗给你拿皮包时，注意别让狗狗咀嚼，或者将包包掉在地上。毕竟包包也很贵重。当狗狗"自豪地"给你拿来两只不配对的拖鞋时，你要骄傲地穿上。毕竟，没有什么比狗狗——你最好的朋友——的感受更重要。

取拖鞋

训练内容：

听到命令后，狗狗开始寻找并衔回一只你的鞋子。狗狗能够分辨出其他人的鞋与你的鞋，但需要注意的是，不能保证取回来的鞋子正好是一双。

口令
取鞋

① 选一个空旷的地方，把你的一只拖鞋放到离狗狗不远处。指着拖鞋，向狗狗发出"取鞋"的口令。狗狗完成后，马上奖励。

② 成功几次后，把拖鞋放到看不见的地方，或者其他房间，让狗狗去找。

③ 狗狗习惯于取某只特定的鞋子后，换别的鞋子练习。这样，狗狗就会明白，凡是有主人味道的鞋都在寻找的范围内。

预期效果： 只要狗狗感兴趣，就多练习，每天可训练4～6次。两周后，坐在扶手椅里，狗狗就能把拖鞋拿给你。

学前准备
取物（→P.24）

疑难解答
狗狗拿回别的东西来了，比如玩具、衣服等怎么办

狗狗过于兴奋，忘记你让它取什么了。狗狗取回别的东西时，不要接受，鼓励狗狗再去取鞋子。

我的狗狗取回两只不配对的鞋子

我该怎么说呢，要么为你得到的东西高兴，要么把自己的衣物整理得更整洁一些。

① 指导狗狗取拖鞋。

② 把拖鞋放到另外一个房间。

③ 换别的鞋子重复练习。

取牵引带

训练内容：

听到你的指令或者自己想出去散步时，狗狗从固定地点找出它的牵引带。

1 每次给狗狗系牵引带时，对它说"牵引带"，让它熟悉这个词。像做游戏一样，把牵引带扔到地上，让狗狗去取。注意固定好上面的金属扣，这样才不会在狗狗兴奋过度甩来甩去时弹到它的脑袋。把金属扣扣到手柄上并不是个好办法，这样形成的圈圈容易让狗狗缠进去。

口令
牵引带

2 现在，把牵引带放到固定位置，比如门钩上。指着牵引带，鼓励狗狗去取。把牵引带从门钩上取下来需要一定技巧，因此，如果狗狗遇到困难，准备好引导狗狗从钩子上取下牵引带。狗狗完成这个动作时，马上把牵引带扣到狗狗的项圈上，并带着它出去散步。在学习本动作时，奖励是带着狗狗出去散步，而不是给食物，因此，一定要尽早让狗狗明白这一点。

3 下次你准备出去散步时，让狗狗为即将出门亢奋起来，并让它在出门前取下牵引带。

预期效果：你看电视时，狗狗可能会把自己的牵引带丢到你膝上。对此不要惊讶。这种沟通方式要比它乱叫或是用爪子抓门好得多。所以，你需要尽可能多地带狗狗出去散步，以奖励它的礼貌举止。

学前准备
取物（→P.24）

疑难解答
有时候牵引带会卡到墙钩上
兴奋的狗狗会把整个墙钩从墙上拽下来。因此，最好用直的挂钩。

提升训练！ 用牵引带训练"遛狗"
（→P.38）!

1 给狗狗介绍"牵引带"这个词语。

2 让它从固定地点取下牵引带。

带狗狗出去散步，作为奖励。

遛狗

学前准备
叼物（→P.24）
前后随行（→P.160）

疑难解答

我的狗狗厌烦地把牵引带丢在一边

立即把狗狗拉回到你身后，让狗狗重新叼住牵引带。没有你的命令，不允许狗狗松开。

当让狗叼住另一条狗的牵引带时，狗狗表现出攻击性

如果你觉得会发生攻击事件，就不要这样做。毕竟，这确实不是处理狗群统治权问题的最好方法。

提升训练！学完"信使"（→P.76）后，可以对本技能进行改造，尝试让一只狗把另外一只狗带到一位家庭成员身边。

小贴士！理想的牵引带长度要比你的腰到狗项圈的距离长18～24英寸（约46～61厘米）。最好选择平编皮带。

"我出去散步时会系上牵引带。有时候，有人跟我主人说我该训练训练。"

训练内容：

本技能虽然不是很有用，却很有趣。散步时，如果狗狗能够在你身边自己遛自己，你就能深刻体会到这个技能的魅力了。让狗狗嘴里咬着牵引带的环扣，自己遛自己。真是太聪明了！

① 把牵引带折叠，用橡皮筋固定。命令狗狗"叼住"（→P.24）。等一会儿，从狗狗嘴里拿出牵引带，并奖励。

口令
跟着走或过来

② 狗狗嘴里叼着折叠的牵引带，训练它跟在你后面走（→P.160）。

③ 现在，把牵引带扣到项圈上，把末端交给狗狗叼住。命令狗狗叼着牵引带，在你后面跟着走。

④ 把牵引带扣到另一只友善的狗身上，训练两只狗一块儿跟在你后面走。

预期效果：狗狗自己遛自己时，会让它的生活更有生气。擅长取物的狗狗能很快学会这一动作。但问题是，如何让狗狗长时间地咬着牵引带不放？尤其是当狗狗遇到无法抗拒的气味忍不住去嗅的时候。狗狗会享受自己散步的自由，甚至在你遛它的时候，尝试从你手里抢过牵引带。但这种行为可能对主人的地位形成挑战。所以考虑好是否要让狗狗学习这项技能。

① 折叠牵引带，让狗狗咬住。

② 让狗狗叼着牵引带，跟着你走。

③ 把牵引带扣到狗颈圈上，让狗狗咬住牵引带另一端。

④ 让你的狗狗用这个方式带着另一只狗狗出去散步。

取报

学前准备
取物（→P.24）
有帮助的动作：给我（→P.26）

疑难解答

报纸送来时折叠好了，但没有装袋。狗狗叼着时报纸散了

是的，有这种情况。让送报员安装一个狗狗够得着的信箱。

我家狗狗的唾液会弄湿报纸头版

宽大下颌的狗，比如侦探犬与纽芬兰犬，唾液分泌得很多。如果狗狗喜欢这份工作，跟它一起走出家门，用昨天的旧报纸包住新报纸。由于狗狗靠近前门时才会分泌唾液，所以要快点从狗狗口中取出报纸。

小贴士！ 狗狗掌握取报技能之后，如果狗狗把报纸丢到地上，你不要去帮它捡。这已经是它的责任了。

训练内容：

狗狗学会从车道或信箱取报，并送到前门。

① 卷一张报纸，用橡皮筋或胶带缠住，像做游戏一样扔在室内。向狗狗发出"取报"的口令。别让它撕咬报纸。狗狗完成指令后给予奖励。

口令
取报

② 然后在室外尝试。你站在附近，把报纸丢到经常投递报纸的地点。

③ 你逐渐往自己家门靠近，报纸还扔到原来的地点，但你站的位置离门越来越近。给狗狗口令让它去取报，完成后用食物奖励它或表扬它。

④ 现在狗狗能胜任取报了。提高难度，像你的送报人一样把报纸藏到草丛里。如果你的信箱有舌门，狗狗能学会拉开舌门（→P.73）、关上舌门（→P.70），甚至能把小旗放下来（动作改编自"关灯"→P.68）。

预期效果： 大部分狗狗喜欢嘴里叼着东西，因此，狗狗非常愿意承担这个重要的日常任务！狗狗习惯丢掉失去兴趣的东西，因此，要坚持教会狗狗明白，报纸务必要送到。

训练步骤：

① 报纸用橡皮筋绑住，温习之前学习的"取来"的 动作。

② 把报纸扔到门外平时投递报纸的位置。

④ 教狗狗如何打开信箱。

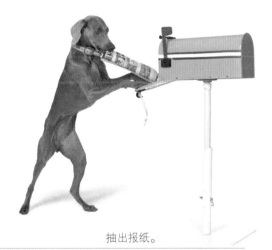

抽出报纸。

关门。

把小旗放下来。

祷告

训练内容：

狗狗俯下身子，把前爪放到床或椅子边，脑袋埋到两只前腿之间，像鞠躬的姿势一样。

① 单膝侧身跪在狗狗面前，发出把"爪子放到胳膊上"（→P.198）的口令。狗狗完成该动作进行奖励时，用另一只手把食物放到狗狗前腿之间，这样狗狗只有低头才能吃到食物。刚开始时，狗狗只要低头就行，当狗狗完成低头动作时，就给予奖励。

口令
祷告
手势

② 在椅子上练习。让狗狗把前爪举起，发出"祷告"的口令，同时把食物放到狗狗前腿下。这时使用"鞠躬答谢"的命令（→P.164）能帮助狗狗俯下身子。

③ 狗狗有进步时，等几秒钟再摊开手掌奖励食物。最后，在你指着椅子说"祷告"时，狗狗应作出祷告的动作，直到你说出解除口令。

预期效果： 一定要在低处给奖励用的食物，在靠近狗狗胸部的位置。不要从上面给食物，因为那样会让狗狗抬头偷看。一般来说，狗狗要几周才能理解这一动作，中间会不太适应。

学前准备
爪子放到胳膊上（→P.198）
有帮助的动作：鞠躬答谢（→P.164）

疑难解答
给食物时，狗狗会把一只脚从椅子上拿下来
食物尽量凑近狗狗的鼻子，而不只是在低处。你的胳膊要从下面递食物。

提升训练！
要有创造性——比如，解除口令可以用"阿门"。

小贴士！
千万不要给狗狗吃对乙酰氨基酚（泰勒诺）等药物（解热镇痛剂），因为它会引起严重的组织损伤。

① 让狗狗把前爪放到你胳膊上，从胳膊下面给食物。

② 在椅子上练习。

进窝

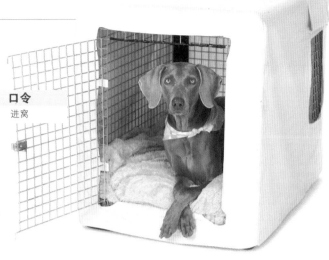

训练内容：

听到"进窝"的口令时，狗狗回到自己的狗窝。

口令
进窝

1. 纸板箱让狗狗感到安全，用来做狗窝非常合适。狗窝是狗狗的私人空间，它可以在里面独自放松。毛毯与被褥能让狗窝惬意而舒适。

2. 让狗狗自己靠近一个新的狗窝。扔一些食物进去，引诱狗狗进窝一探究竟。一旦它感到箱子很舒服，扔一块食物进去，同时对它说"进窝"。狗狗完成指令后，进行奖励。

3. 狗狗现在在等你的命令了。发出"进窝"口令，但不要扔食物进去。一旦狗狗进窝，马上表扬奖励。记住，只有它在窝里时才奖励，这是让狗狗强化动作的正确位置。

预期效果：让进窝成为睡前的一个常规环节，狗狗会盼着进窝，以得到一点睡前宵夜。

"我喜欢我的窝，漫长的一天过后，我就蜷缩进窝里想事情"。

疑难解答

我的房子里与车上都有狗窝，是否该使用不同的口令呢？

狗狗很聪明，它明白"进窝"指的是任何它住的箱子或盒子。

小贴士！一顿可口的奖励：把热狗切段放到盘子上，用纸巾盖住，微波炉加热3分钟，冷却后给狗狗吃。

2 扔一块食物到狗窝里。

3 发出"进窝"口令，狗狗完成后奖励。

让进窝成为睡前的常规环节。

拿包

疑难解答

我的狗狗不叼包，或者叼住后马上就丢掉了

如果狗狗愿意叼别的东西，那问题就在包上了。狗狗会抗拒某些质地的东西，比如金属、装饰品以及有香水味与烟味的东西。最好用皮包。

我的狗狗经常半路就把包扔到地上

把拿包的任务交给狗狗后，狗狗应该一直负责，直到你要回包。有时候，狗狗为了咽口水或挠痒，会暂时把包放到地上。因此，不要鲁莽下定论，坚持让狗狗自己捡起来。

我的狗狗爱咀嚼包怎么办

猎犬不喜欢软质的东西，但其他品种的狗更容易咀嚼嘴里的东西。但不管什么狗，包上面最终都会留下狗狗的牙痕。权且把这看成是狗狗留下的特殊标记吧。

我的狗狗总是自己从包里找食物

要让狗狗无法接近食物，选择带拉链的包。

小贴士！ 狗狗能认清对你重要的东西：钱包、皮夹、手机、车钥匙等等。狗狗会享受帮你拿东西的责任感。

训练内容：

狗狗会在你走路时给你拿钱包或提包。

① 把包的背带打结，别缠住狗狗。放一把食物进去，然后拉上包。

口令
拿包

② 把包给狗狗，让狗狗**叼住**（→P.24）。

③ 一边跟狗狗说"拿包"，一边向前走几步。拍拍大腿，暗示狗狗跟着你走。如果狗狗把包扔到地上，不要捡。使用"叼住"的口令指导狗狗把包叼起来。狗狗只能将包放到你手上，不能放到地上。

④ 狗狗将包交到你手上时，表扬它，并从包里拿出食物犒劳它。当狗狗知道包里有食物时，即使狗狗厌烦了，也不太可能扔掉它。

预期效果： 猎犬天生喜欢嘴里叼着食物到处走，训练一周，它就能学会叼着包了。

训练步骤：

① 在包里放一些食物。

② 使用"叼住"口令让狗狗叼住包。

③ 拍拍大腿，鼓励狗狗跟着你走。

④ 从包里拿出食物奖励狗狗。

整理玩具

训练内容：

整理玩具时，狗狗打开玩具箱的箱盖，把玩具放进去，然后盖上箱子。首先，教狗狗把玩具放进玩具箱，然后再教它如何开关箱盖。

收起玩具：

① 把毛绒玩具分散放到地上，指导狗狗去取（取物→P.24）。

② 狗狗拿回玩具时，手里拿着食物，放到已打开的玩具箱上方几英寸的地方。狗狗张嘴吃食物时，玩具就掉到箱子里。完成该动作以后就表扬它。

③ 狗狗进步后，站在玩具箱后面。把食物藏起来，狗狗取回玩具后，指着玩具箱，让狗狗放下（→P.26）。最开始，每当狗狗成功地把一个玩具放进箱子时就给予奖励。稍后，要求狗狗把更多的玩具放进箱子再奖励。

口令
整理

打开箱盖：

① 在靠近箱盖开口位置系上一根粗绳，长度要适当，这样狗狗从后面拉开箱盖时，不至于被箱盖打到。

② 让狗狗站在玩具箱后面，指导狗狗拉绳（→P.73）。起初，只要狗狗拉起粗绳就奖励它，但当狗狗有进步时，就要求狗狗把箱盖完全打开。

关闭箱盖：

① 跪下来把箱盖打开保持竖直，鼓励狗狗用鼻子或爪子去触碰箱盖。狗狗做出动作后，让箱盖落下关闭，并奖励它。在玩具箱的边缘放一块洗碗布，避免关上时声音太大吓到狗狗。

② 下一步，把箱盖完全打开，发出口令"关上"。狗狗会尝试很多方法，比如用鼻子顶、用爪子推或者拉绳。把盖子抬高数寸帮助它，鼓励狗狗用鼻子从下面往上推箱盖。

学前准备
拉绳（→P.73）
取物（→P.24）
放下（→P.26）

疑难解答
我的狗狗有时会犯糊涂，从箱子里往外拿玩具
狗狗急于讨好你。"哎呀"一声会让狗狗知道自己弄错了。

我的狗狗想玩玩具，不往箱里放
使用狗狗不太喜欢的玩具。

预期效果：学完上面的三步后，按顺序练习：打开箱盖，收起玩具，关闭箱盖。把这个技能融入到狗狗的日常生活中，你将因此成为邻里羡慕的对象。

"我总是先收好我的毛绒玩具，最后再收好橡胶鸡。不知道这是为什么，我总是这样做。"

收起玩具：

① 让狗狗取回玩具。

② 在箱子上方给狗狗食物。

打开箱盖：

② 教狗狗拉绳。

要求狗狗把箱盖完全拉开。

关闭箱盖：

① 保持箱盖竖直，让狗狗用爪
子关上箱子。

② 把箱盖完全打开，让狗狗用鼻子关上。

裹毛毯

学前准备

趴下（→P.16）　叼物（→P.24）
打滚（→P.31）　害羞（→P.56）

疑难解答
我的狗狗不叼毛毯怎么办

你可能从没教过狗狗趴下时如何叼物。
先从让狗狗站着练习叼住毛毯，然后再
让它躺下练习叼住毛毯。

提升训练！ 学习"祷告"（→P.42）与
"挥手告别"（→P.202），让狗狗在裹毛
毯前跟你说晚安。

小贴士！ 在狗狗嘴里叼着东西时，练
习其他指令："叼住、旋转"或"叼住、
趴下"。

训练内容：

狗狗用嘴叼住毛毯，然后往身上卷，裹住自己，最后头着地，
准备睡觉。

口令
睡觉
手势

① 选择一条长度是狗狗身体两倍长的毛
毯。注意你的狗狗通常习惯往哪一侧
卷。如果狗狗喜欢从左侧卷，面对着
它，让它在毛毯上趴下（→P.16）。这
样，狗狗就会从左侧开始卷。把狗狗
头旁边的毛毯堆一堆，方便狗狗咬住。

② 举起毛毯一角，发出"叼住"（→P.24）
口令。狗狗咬住毛毯时，马上表扬并奖励它。别让狗狗自己
放下毛毯，除非你从它嘴里拿走。奖励时，鼓励狗狗保持姿
势不动。

③ 狗狗学会上述动作后，发出"打滚"（→P.31）的口令。狗
狗打滚时，经常会丢掉嘴里的东西。出现这一情况时，不要
表扬，不要训斥，让狗狗重新再来。

④ 狗狗完成打滚且没有放开毛毯时，让狗狗低头（→P.56）。

预期效果： 这个技巧非常难，因为你的狗狗为了能裹住自己，
需要完美地掌握每个动作。当狗狗进步后，一开始先发出"睡
觉"口令，然后接连发出每个动作的口令。之后，你可以逐步
取消每个动作的口令。

"我有个好朋友住在隔壁，
名字叫Bear，他不戴项圈，
并且在外面睡觉。"

训练步骤：

② 让狗狗趴下，让它"叼住"。

③ 让狗狗叼着毛毯打滚。

整个过程狗狗要叼着毛毯不放。

④ 最后，头着地准备睡觉。

第四章

有趣最重要啦!

你 笑的时候,狗狗也会跟着你一起笑,哪怕你是在笑它……与狗狗为伴的一大乐趣就是狗狗每天都能带给你一些令人啼笑皆非的趣事,而狗狗对此却一点也不难为情。正如服从是狗狗能与人类成功相处的一个关键因素一样,一些搞怪技能也是增进人、狗关系不可或缺的一部分。

如果你想让狗狗表现良好、服从命令,就让狗狗参加服从培训课吧。但如果你想让狗狗学会按喇叭、弹钢琴、捡钱包以及把头藏到垫子下等动作,那就阅读本章内容吧。每当贪玩的狗狗做出一系列滑稽动作时,观众都会忍俊不禁。

虽然这些技巧看起来很搞笑,但都基于合理的培训技巧。要掌握这些技巧,狗狗必须发挥自己的聪明才智与协调能力。试着享受狗狗带给你的乐趣吧!

按喇叭

训练内容：

狗狗咬住自行车喇叭的橡皮球。

① 鼓励狗狗玩自己最喜爱的发声玩具。当
狗狗按出声音时奖励它，并说"滴滴"。

滴滴

② 然后，拿着发声玩具对着狗狗，鼓励它咬住制造出滴滴声。
要一直拿着玩具，等狗狗制造出滴滴声时奖励它。

③ 换球形的自行车喇叭进行同样的练习。用兴奋的声音说出
"滴滴"的口令，鼓励狗狗制造滴滴声。狗狗完成后，马上
奖励。

预期效果：喜欢发声玩具的狗狗，一天就能掌握本技能。这
是叫醒小孩子的好方法，或是在房间过于安静时制造点动静。

① 狗狗把发声玩具弄响时，
说出"滴滴"这个口令。

② 拿着玩具，发出"滴滴"的
口令让狗狗制造出声音。

③ 用拇指帮助狗狗按响自行车喇叭。

疑难解答
**我的狗狗咬合的力度不足以让喇叭
发声**

自行车喇叭比发声玩具更硬，因此，你
可以先帮助狗狗几次，当它咬住喇叭
时，用拇指按响喇叭，发出声音。狗狗
很快就知道这就是你想要的声音。

小贴士！有些人吃的食物对狗来说有
毒：巧克力、洋葱、夏威夷果、葡萄干
与葡萄、土豆皮、番茄叶与根以及火
鸡皮。

骑大马

训练内容：

狗狗从后面钻到你两腿之间。

① 背对狗狗站着，内腿分开。

② 拿块食物在两腿间前后摇晃，诱导狗狗钻到你两腿之间来。

③ 让狗狗能舔咬到你手上的食物，并试着让狗狗在你两腿之间保持不动10秒。

预期效果： 每天练习10次，一周之内狗狗就能学会。如果狗狗以后喜欢用这种方式引起你的注意，千万不要吃惊。

口令
骑大马
手势

疑难解答

我的狗狗咬食物时咬了我的手

狗狗咬食物时，跟狗狗说"放松"。如果狗狗有些粗鲁，敲一下它的鼻子，并说"哎哟"，让它知道你被伤到了。

我的狗狗害怕钻到两腿中间来怎么办

到你的两腿之间，对狗狗来说是把自己置身于一个从属地位，这需要信任。不要强迫狗狗。

我家狗狗体型很小怎么办

跪着让两腿分开，让狗从小空间钻出来。

提升训练！ 掌握了骑大马后，在此基础上，练习"绕腿步"（→P.170）与"合作直踢腿"（→P.176）。

小贴士！ 狗狗淘气时不要说"不"。需要注意的是，训练新的技巧或动作时，要给狗狗积极的反馈，要么不给任何反馈。

"有一次，我想给一位送货员表演骑大马，可他说得先给他买晚餐。"

训练步骤：

②　背对着狗狗，让它看到你手里的食物。　　将食物放在两腿之间，引诱狗狗。

③　让狗狗舔咬食物，保持该姿势不动。　　逐步延长狗狗保持姿势的时间，然后再奖励。

俯卧撑

训练内容：

狗狗爪子着地，交替起落做俯卧撑。是时候把小懒货变成运动健将了——来，趴下，做20个俯卧撑！

① 让狗狗在你身旁趴下（→P.16）。一边发出"站起"的口令，一边用食物引诱狗狗。一旦狗狗站起来，就表扬狗狗，并用食物犒劳它。

② 狗狗对食物不感兴趣时，用脚轻触狗狗的腹部。当狗狗站起来时，奖励它。

③ 站在狗狗面前，交替向狗狗发出"站起"与"趴下"的指令，让狗狗做俯卧撑。每次训练时，手势与口令并用。

口令
趴下，站起
手势

预期效果： 奖励狗狗前，逐步增加俯卧撑的数量。趴下的动作做得扎实的话，狗狗在一周内就能像运动员一样专业。

学前准备
趴下（→P.16）

疑难解答
我的狗狗每次做俯卧撑时都往前爬
标准的俯卧撑要求脚爪不能移动或极少移动。以这种方式向下运动被称作"协奏曲"式。为防止狗狗往前爬，可以在练习时在狗的正前方放一个障碍物，比如栅栏。

小贴士！ 腰间挎一个装食物的包包，方便你快速拿出食物进行奖励。

"我最喜爱的食物有：面条、热狗、奶酪条、金鱼饼干、肉丸、绿豆以及胡萝卜。"

训练步骤：

② 用食物诱导或轻触狗狗的肚子，让它站起来。

③ 狗狗听到指令就能站起来时，给出口令让狗狗交替站起和趴下。

不断交替。

练习俯卧撑！

害羞

疑难解答

狗狗把头钻到垫子下后，一个劲儿地嗅来嗅去

跟狗狗说"等等"。听到嗅的声音停顿了一两秒后，马上给它食物。

我的狗狗总是推垫子，而不是把头钻到下面

选大一点的垫子，或者把垫子后边系到椅子上。

小贴士！ 在驯狗师的词典里，饼干指的是食物。想要饼干吗？

训练内容：

狗狗害羞地把头藏到垫子或毯子下。

① 让狗狗看到你手上的食物并把它放到椅垫或沙发垫下面，尽量靠外一点。鼓励狗狗去取。

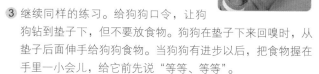

口令
害羞

手势

② 慢慢地把食物放得更靠里一点，这样狗狗只能把头钻进去才能吃到食物。此时说出"害羞"的口令。

③ 继续同样的练习。给狗狗口令，让狗狗钻到垫子下，但不要放食物。狗狗在垫子下来回嗅时，从垫子后面伸手给狗狗食物。当狗狗有进步以后，把食物握在手里一小会儿，给它前先说"等等、等等"。

④ 在伸手从垫子下面给狗狗食物前，让狗狗把头埋在垫子下几秒钟，奖励后再解除指令。

预期效果： 学习本技能尤其重要的是，在狗狗正确完成动作时及时给予奖励。如果狗狗的头还没有埋到垫子下就给奖励了，狗狗会养成提前伸出头找食物的习惯。同时，建议你站在椅子后面，避免狗狗伸出脑袋看你。

"有一次，我吃了一大块火腿骨，后来又吐了出来。真是太棒了！"

训练步骤：

① 把食物放到垫子下。

② 把食物放到垫子下更靠后的位置。

③ 狗狗来回嗅时，从椅子后面喂它。

④ 停顿一下再给食物。

现在，狗狗听到口令后会扮害羞了。

跋行

疑难解答

给狗狗的一只脚穿个鞋子，狗狗就会跷着一条腿走路。我可以这么做吗

当然可以。引导狗狗完成这个动作，要结合"跳得好"的口令。狗狗进步时，用更小的东西替换鞋子，比如儿童袜或胶带。

请问我什么时候可以把牵引带换成布带

技巧的转换通常能加快学习进程。先用牵引带重复练习几次，然后用布带练习一次，最后用手抓着它的一条前腿练习。

提升训练！ 掌握了跋行后，学习"匍匐前进"（→P.144）与"装死"（→P.32），表演夸张的死法。

小贴士！ 狗狗通常有自己的优势侧。狗狗握手时更愿意伸出哪条腿，就先用哪条腿进行训练。

训练内容：

狗狗跷起一条前腿，靠另外三条腿跳行。这么惹人怜爱的表演能让狗狗赢得一个热狗，甚至是一次美妙的约会。

1. 站在狗狗面前，给它系上牵引带。用牵引带把一条前腿腕悬在空中。

2. 对狗狗说："跋脚走"，鼓励狗狗向你的方向迈步。只要狗狗迈步，哪怕是一步，也要表扬奖励。中间让狗狗休息一下。

口令
跋脚走

手势

3. 松一下牵引带，不再用牵引带持续支撑狗狗的前腿腕，改用提拉动作鼓励狗狗抬腿。现在，要求狗狗迈出几步后再奖励。

4. 用布做成一条吊带，从狗狗的颈圈穿过，挂住狗狗的前腿腕。聪明的狗狗知道把头低下来钻过去就能脱身。因此，用食物诱导狗狗向前走时，要保持狗狗的注意力高度集中。要让狗狗成功完成这个动作，狗狗跋行的距离不要太长。

预期效果： 这个动作既费力又费神。狗狗必须集中注意力，才能跷着一条腿走。在肢体上协助狗狗时，一定要温柔，要鼓励，不要胁迫恐吓狗狗。需要数月才能掌握这一动作。

"我喜欢待在酒店里。喝口冰桶里的水后，躺在床上睡觉。"

① 用牵引带把狗狗的一条前腿吊起来。

② 狗狗向前迈一步后就给予奖励。

③ 不断地拉动牵引带，提醒狗狗的腿要一直抬着。

④ 狗狗跛行若干步后再奖励。

"扒手"

疑难解答

当我右手拿着食物够着地时，狗狗直接从前面过来够手上的食物，而不是从背后

把食物放进腰包或者嘴里含着食物，这样更容易操作。

我的狗狗太小，站起来还是够不到我后腰位置

实际上，小狗最擅长学习这个动作。它们甚至可以四只爪子蹬在你身上弹跳起来，而不是仅仅用前腿够你的臀部。

小贴士！经常跟狗狗说话。狗狗能理解你的语调与肢体语言。

训练内容：

在你假装弯腰捡帽子时，狗狗从你的口袋窃走手绢，并把你推倒在地。

① 背对着狗狗，双腿分开弯曲。左手拿着食物，放到尾椎位置。对狗狗说"口袋，拿住"，鼓励狗狗站起来叼住食物。

口令
口袋

② 狗狗能持续完成这个动作后，弯腰，用右手够地面，同时左手放到腰后，给狗狗食物。

③ 接下来，右手拿食物。当狗狗的前爪搭到你尾椎上时，向前翻跟头，翻完以后右手向后伸，给狗狗食物。练习时穿着袜子防滑，小心别踢到狗狗。

④ 把手帕放到后口袋，对狗狗说"叼住"（→P.24），鼓励狗狗从口袋叼出手帕。

预期效果： 本技巧由于没有任何明显的口令，其难点在于如何使表演可信。

训练步骤：

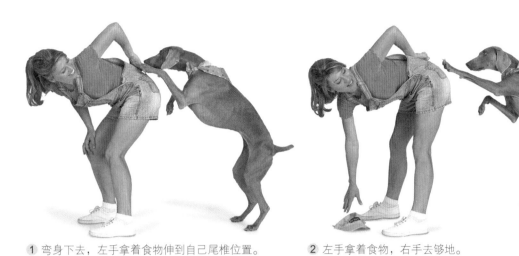

① 弯身下去，左手拿着食物伸到自己尾椎位置。

② 左手拿着食物，右手去够地。

③ 够着地后，换成右手拿食物。

向前翻跟头。

小心不要踢到狗狗。

右手向后伸，给狗狗食物。

④ 发出"叼住"口令，让狗狗从你口袋里取出手帕。

弹钢琴

学前准备
有帮助的技巧：握手（→P.22）

疑难解答

我的狗狗总用爪子挠钢琴

狗狗抓或者挠琴键时，不要奖励。轻声地跟狗狗说"放松"，让狗狗平静下来。敲打狗狗爪子后侧，强调让狗狗举爪的动作。

我的狗狗有时候按不到琴键

设置纸板或别的障碍物，防止狗狗把爪子落到琴键外的其他地方，或者当爪子落错地方时，迅速用你的手指敲打狗狗的爪子。

提升训练！学习"打滚"（→P.31）的动作，让狗狗在键盘滚过去，一气呵成地弹奏一曲。

小贴士！当你感到发狂或挫败时，结束训练，稍后再试。

"我有自己的床，上面有我的名字。不过有时候，小猫会睡我的床，弄得臭烘烘的。"

训练内容：

狗狗学会用爪子弹真正的钢琴或玩具钢琴。这能令人放松，不是吗？

1 用食物引诱狗狗走到放在地上的玩具钢琴前。一旦狗狗把爪子放到琴键上，马上给狗狗奖励并表扬。确保奖励时狗狗的爪子仍然在钢琴上。

口令
音乐

2 下一步，让狗狗的爪子在钢琴上交替起落。这需要你准确地定时定位。诱导狗狗到正确位置，让它的两个前爪落到琴键上。对狗狗说"握手"（→P.22），或者拍打爪子的后侧，鼓励它把一只爪子举起来。等狗狗又把爪子放下时，奖励它。爪子落下时，狗狗可能会把爪子放到钢琴后面的地板上，这时，用食物保持狗狗注意力的集中。

3 每次训练一只爪子，前后交替练习按琴键。有时，当训练狗狗举右爪时，把你的身体倾向左侧很有帮助，反之亦然。狗狗把爪子放到琴键上才能奖励，而不是在举爪时就奖励。

4 站在一旁让狗狗自己玩耍！用"音乐"口令代替"握手"和"伸爪"。

预期效果：虽然这个动作看起来简单，但却是本能之外的动作。狗狗通常因为举起爪子而不是放下爪子被奖励。

训练步骤：

① 用食物引诱狗狗上前。

② 发出"握手"的口令，或者敲打狗狗的爪子。

③ 身体向狗狗方向倾斜，鼓励狗狗举起爪子。

交替举起两只爪子。

④ 站起来继续给狗狗口令。

听，多么美妙的音乐！

装蠢

训练内容：

这个技能有很多变化，但前提是你的狗狗能在听到或看到一些微妙的口令或手势后，通过艺术化的表演，做出一些跟指令截然不同的动作。下面是四个例子。

① "费多，从火圈跳过去！" 听到这句口令后，狗狗竟然用爪子蒙住了眼睛。这是怎么做到的？首先 "费多" 不是你狗狗的名字。其次，狗狗看到你给它发出的是 "遮脸"（→P.200）而不是 "跳" 的手势。最后可以这样结束表演："费多，那只可爱的法国贵宾犬正在看节目呢……" 同时用手势命令狗狗马上跳起来穿过火圈，完成表演。

② "费多是一条乖乖狗，它从不往垃圾桶里钻。" 可是一旦你开始背对狗狗时，狗狗会马上跑向垃圾桶。这是怎么完成的？垃圾桶里有食物，而你让狗狗待着别动。听到解除命令后，比如你对观众说出 "OK" 后，狗狗便会急不可耐地跑向垃圾桶。

③ "狗狗去哪了？有人看见没？" 你扫视观众时，狗狗从你背后钻到你两腿之间。当然，狗狗是收到了让它 "骑大马"（→P.52）的信号。

④ "跳过火圈！" 听到这样的口令后，狗狗反而在地上装死，而你也佯装尴尬。实际上，狗狗是接到了 "装死"（→P.32）的手势暗示。

小贴士！ 在学习新技巧的过程中，注意狗狗焦虑的表现，比如，抓挠、打哈欠、舔嘴唇、扭头看别处等等。

疑难解答
我的狗狗做不到待着不动
眼神交流能够成为强有力的指令。当想让狗狗做点什么时，跟狗狗进行眼神交流；当想让它待着不动时，就不再看它。

预期效果： 这一技能的难点之一是让狗狗在你背后完成动作，而你跟狗狗没有眼神交流。狗狗经常会从后面跑到你前面，好看到你的脸。因此，每次训练都要用同样的方法按一个模式进行。

"有时候，我喜欢装作一点也不明白主人的命令。"

① "费多，跳过火圈！"

② "费多是条乖乖狗，从来不往垃圾桶里钻。"

③ "我到处找不到我的狗狗。"

④ "费多，跳呀，跳呀！"

我的现代生活

如今，狗狗已经成了我们家庭的一员；狗狗睡在床上，穿着衣服，吃着美味的三餐。过去，户外的犬类所掌握的一些技能已经逐渐被一系列实用而适应现代生活的技能所替代。以前，最重要的是让狗狗为你捕食，而现在我们更欣赏狗狗能为我们拿遥控器、接电话，甚至是从冰箱取冷饮！

我们觉得能模仿人类行为的狗狗更讨人喜欢。当我们教狗狗以某种本能行为（比如取物）对口令作出反应时，我们已教会了狗狗把某个词语同具体行为关联起来。因此，教狗狗模仿人的行为时，我们教给狗狗的不仅是词汇，还是包含逻辑与非本能生理反应的复杂概念。

但坦白说，除了提高狗狗智商水平的目的之外，本章的技巧训练还有另外两个目的：给朋友留下美好印象；你口渴时狗狗能替你取啤酒！

接电话

训练内容：

电话或手机响时，狗狗替你拿起话筒或找到手机，然后送给你。

① 把电话放到地上，拿下话筒。让狗狗去叼（叼物→P.24）话筒，然后奖励它。

口令
铃铃铃

② 离电话远点，让狗狗去取话筒（取物→P.24）。尽力模仿电话铃声作为口令。狗狗成功取来话筒时，再次奖励狗狗。

③ 逐步把电话移到原位——先是移到小桌上，然后是柜子上，最后是柜子后面。体型小的狗狗可能需要一把凳子才能够到电话。

④ 现在，你需要把口令与真正的电话铃声关联起来。用另一部电话拨号。铃声响起时，用手指着电话并发出口令。狗狗可能会吓一跳，但每次电话响都要发出口令。

预期效果： 训练时话筒可能会经常掉到地上，因此最好用旧电话。手里拿着手机与食物，每天拨打电话几次。这个动作对你的狗狗来说涉及很多感到兴奋的环节；电话铃声、跳到柜子上、叼住电话——这通常是狗狗与打电话的人都很喜欢的一个技能。

① 让狗狗从地上拿话筒。

④ 用第二部电话拨号，教狗狗听铃声"拿"起话筒。

学前准备
取物／叼物（→P.24）

疑难解答
我的狗狗叼住电话后又丢下了电话
部分原因可能是电话外形笨拙、质地光滑。有修长提手的电话可能要好一些，或者给电话包上胶带。

提升训练！ 学习"应声作答"（→P.30），让狗狗使用电话"通话"。

小贴士！ 用手机训练本技巧时，设定的铃声要容易分辨，前后一致。

"电话响时，我会拿起话筒交给主人。"

关灯

提升训练！掌握了开关灯后，利用类似的动作学习"开／关门"（→P.70）。

小贴士！狗狗需要你的表扬。如果想给狗狗一个拥抱，让狗狗先坐下或者先握手后再拥抱。

"我一周修剪两次指甲，剪了就有饼干吃。"

训练内容：

狗狗学习用爪子触碰墙上的开关，开灯或关灯。最好是用平的跷板开关，尤其是开灯时。如果是小狗，需要在开关下面放一把凳子。

① 把食物举到比开关稍高一点的位置，说出"按开关"的口令，鼓励狗狗去按。狗狗够到开关时奖励食物。

口令
按开关

② 把食物移到开关上面的位置，身体不要靠在墙上，另一只手敲打开关。把食物握在手中，鼓励狗狗起身抬起前腿，直到狗狗的爪子在墙上按一次到两次再奖励。奖励时需要确保狗狗保持直立。

③ 给狗狗口令，敲打开关面板，然后把手放下，让狗狗自己尝试按墙壁。狗狗有进步时，让狗狗去挑战按开关。成功完成后，奖励狗狗。

④ 最后，站在远离开关的位置，让狗狗自己去关灯。

预期效果："出门时把灯关上，你会吗？"精力充沛的狗狗会很快明白用爪子挠墙的意思，但领会按开关与按墙壁的不同则需要更长时间。

训练步骤:

① 把食物放到开关上面的位置，鼓励狗狗去拿。

③ 敲打开关，给狗狗指令，让狗狗用爪子按。

奖励狗狗前，要狗狗成功完成按开关动作。

④ 让狗狗自己按开关!

开／关门

训练内容：

狗狗抓住门把手开门，用爪子推门把门关上。

开门：

口令
开门
关门

① 让狗狗站在可以向外打开的门前，这种门的门把手得是杠杆式的。门的另一边应该是对狗有吸引力的东西，比如户外通道、食物或者狗狗最爱的玩具。让门开一道缝，鼓励狗狗推开门去拿奖励。

② 把手放在门上，让门虚掩，鼓励狗狗推开门。这次，狗狗需要趴上或跳上去才能推开。狗狗这样做时，松开手，让门打开。让狗狗出去拿奖励。

③ 把门完全关闭，敲打门把手，同时鼓励狗狗起身。狗狗爪子够到门把手时，巧妙地按下把手，让门打开。

④ 现在，狗狗明白了门把手是开门的关键。如果门后的东西有足够的吸引力，那么狗狗会自己去提高开门技能。

⑤ 狗狗掌握了向外开的门后，换一扇内开的门试试。用胶带把门闩封上，这样不用按把手门就能开。狗狗先要学会靠到把手上，然后倒退。你要站在门的另一侧，拿着食物或玩具。一边敲门，一边叫狗狗。

⑥ 去掉胶带，再次站到门的另一侧。用你的脚推着门，这样如果狗狗按门把手，门就会朝它的方向打开。狗狗需要学会一边按把手一边往后退。

提升训练！ 在学习本技能的基础上，训练"从冰箱取啤酒"（→P.74）。

小贴士！ 矮个子的狗狗需要踩着凳子才能够到门把手。

① 让狗狗推开门，从门缝穿过。

② 手扶着门，让门微开，同时让狗狗用爪子推门。

③ 狗狗推门时按下把手。

④ 鼓励狗狗自己把门打开。

训练步骤：

关门：

⑦ 门朝内半开着，食物贴着门举到狗狗鼻子的高度，鼓励狗狗说"去，关门"。狗狗表现出兴趣时，把食物贴着门，举到比刚才更高的位置。这样狗狗抬起前腿去够食物时，便会推着把门关上。这时，马上给狗狗食物，并表扬它。如果狗狗被关门的声音吓到，不要拿回食物，鼓励狗狗再用两只爪子推门。狗狗完成这个动作时，奖励它。

⑧ 狗狗掌握之后，尝试通过敲门让狗狗去推门。推着关上门后，奖励狗狗。

⑨ 最后，站在距门较远的位置，给狗狗关门的指令。当狗狗激动地"砰"的一声把门关上时不要诧异。

预期效果： 门把手一直都是让狗狗感到困惑的地方。开门需要一定的逻辑能力与协调能力，因此，狗狗需要数周甚至更长的时间才能掌握。相对而言，关门要容易得多，并且狗狗也觉得更有趣。

"小猫够不到门把手，总是从门上的小洞钻过。"

⑤ 尝试向内开的门。

⑥ 用脚抵住关着的门。

⑦ 把食物贴着门举起。

⑧ 敲门。

进门按铃

训练内容：

狗狗进出门时用鼻子或爪子按门铃。

① 晃动地上的门铃，鼓励狗狗去取。狗狗用鼻子或爪子碰到门铃时，马上说"按得好"，并奖励食物。

口令
按铃

② 把门铃挂在门把手上，位置要低，对狗狗说"去取铃"，鼓励狗狗去按铃。把食物举到门铃后面，挑逗狗狗。一旦门铃发出声响，马上表扬并奖励狗狗。

③ 拿来狗狗的牵引带，让狗狗以为要出门而激动起来。停到挂着门铃的门前，鼓励狗狗按门铃。这需要一点时间，因为狗狗会被出去散步的想法分散注意力。狗狗一碰到门铃，马上开门并带狗狗出去散步。在学习本动作时，给狗狗的奖励不是食物，而是散步。因此，要早点把这一点告诉狗狗。

④ 遛狗回来后，许诺狗狗门内有食物或晚餐，让狗狗激动地想要进门。在开门前，让狗狗先用爪子按门铃。要按响门铃可能需要几分钟，因此选你有空闲的时候练习。

预期效果：进出门按门铃的规则要前后一致，这有助于加快狗狗的学习过程。你一开始也要迅速对铃声作出响应——听到铃响后，马上跑去开门。这一沟通方式确实远胜于狗狗乱叫或者挠门。因此，尽可能多地出去遛狗，以奖励狗狗的礼貌举止。

> **提升训练**！把"关灯"（→P.68）的动作加以变化，学习按门铃。

② 把食物举到门铃后面，鼓励狗狗去按门铃。

③ 按响门铃后，带狗狗出门散步，以示奖励。

④ 让狗狗从门外按另一个门铃再进屋。

拉绳

训练内容：

开栅栏、拉车，狗狗拉绳的本领大有用武之地。

口令
拉

1. 为了向狗狗介绍"拉绳"，先跟狗狗玩拔河游戏。这样的绳子或玩具宠物店都有卖。买不到的话，旧毛巾也可以。发出"拉"的口令，左右摇动玩具或者让狗狗拉玩具。

2. 把玩具换成一条打结的绳。让狗狗时不时地拉你手里的绳子，保持狗狗的参与热情。

3. 把绳子一端系到木板箱上，让狗狗拉着箱子走。这同自我奖励的拔河游戏不同。因此，你一定要表扬并奖励狗狗。

4. 学以致用。让狗狗拉杂货车、拉开门，或者拉响门铃的绳。想象一下，你的狗狗一定会成为邻里艳羡的对象！

预期效果：猛犬或梗犬生来擅长这一技巧。但是，所有狗狗通过练习都能掌握得不错。训练越像是游戏，狗狗掌握得越快。每天游戏，一周内，狗狗就能自己拉东西了。

疑难解答
我听说与狗狗玩拔河会引发狗狗的攻击行为，是这样的吗

拔河属于竞争性游戏，有输有赢，对大多数的狗狗是无害的。攻击性强的狗狗会妨碍其他狗狗取得胜利以显示它的控制力。因此，要遵守游戏规则：游戏的开始与终止取决于你，游戏结束取决于狗狗（放弃玩具时）；严格禁止攻击行为。

提升训练！掌握了拉绳后，狗狗就能打开盒子和整理玩具（→P.46）了。

① 与狗狗玩拔河。

② 使用打结的绳子练习。

④ 把绳子系到想让狗狗拉的东西上。

从冰箱取啤酒

疑难解答

地板快被狗狗刮坏了

在瓷砖地板上拉洗碗布时，体重轻的狗狗容易滑倒。垫个门垫，或者找一条长一点的绳子系到把手上，改变狗狗的用力角度。

取啤酒时，狗狗一直在冰箱里找来找去

天下没有免费的午餐。这或许是你让狗狗取啤酒该付出的代价。

训练内容：

学会这个有用的技能后，狗狗就能打开冰箱门，取出啤酒，并返回关上冰箱门。

打开冰箱：

口令
取啤酒

① 用洗碗布练习拉绳（→P.73）。把洗碗布系到冰箱把手上。冰箱门半开着，指导狗狗拉洗碗布。为保护冰箱门并防止狗狗前腿推挤冰箱门，拉洗碗布时，狗狗的四脚都要着地。然后，把冰箱门完全关闭，让训练更具挑战性。

取啤酒：

① 把啤酒喝完。

② 用空罐跟狗狗玩取物（→P.24），让狗狗养成拿东西的习惯。许多狗狗都不愿意嘴里含着金属物，加个绝缘外套或许有帮助。

③ 把冰箱里的东西收拾整齐，把啤酒罐放到下面一层，让狗狗去取。奖励时所用的食物必须比冰箱里的食物美味才行。

关冰箱：

① 打开冰箱门并敲打，同时发出关门（→P.71）的口令。

预期效果： 狗狗适应了上面三个步骤后，逐步取消每个步骤的口令，但整个过程要保留"取啤酒"的口令。现在，狗狗知道了冰箱的秘密，恐怕你要往冰箱上装一把挂锁了。

训练步骤:

"爸爸最喜欢我的这个技能。"

打开冰箱:

① 让狗狗拉系在冰箱把手上的洗碗布。

拉布时狗狗的四脚要着地。

取啤酒:

① 喝完罐里的啤酒。

② 用空罐跟狗狗玩取物。

加个绝缘套更方便狗狗叼取。

关冰箱:

③ 从冰箱取罐啤酒。

完成后奖励狗狗。

① 让狗狗返回把门关上。

信使

学前准备

叼物（→P.24）

给我（→P.26）

疑难解答

便条掉了，狗狗捡不起来怎么办

把便签折叠一下会相对容易一些。

狗狗跑到收信人那儿，但没带便条

收信人应鼓励狗狗回去找。"便签在哪？怎么回事？去找回来！"

狗狗以前能很轻松完成这个技能，但现在没了兴趣

狗狗不再想要食物奖励了吗？学会后，虽然不必每次都奖励食物，但三次中要奖励一次，这样才能保持狗狗的积极性。在一个塑料袋里放点食物，与便签放一起，这样更便于收信人拿出食物奖励狗狗。

小贴士！训练狗先送货，再回来要食物！

"送棒球时，我会让裁判追着我满场地跑。哈哈。"

训练内容：

狗狗要记住家庭成员的名字，然后把便签交到指定收信人手上。对于特别重要的优先邮件，让狗狗信使为你效劳吧！

① 选个空旷的环境，让一位朋友或家庭成员兜里装上食物，站在狗狗对面。

② 指导狗狗叼住（→P.24）便签，指着收信人，告诉狗狗她或他的名字。

③ 收信人叫狗狗，鼓励它跑过去。

④ 狗狗跑过去后，收信人跟狗狗说出给我（→P.26）的口令，用食物交换便签。

口令
交给（某人的名字）

预期效果：狗狗记名字的方法跟我们一样，也是通过不断重复来完成的。在狗狗面前使用名字，这样，狗狗很快就能识别不同人的名字——甚至是猫咪的名字。

训练步骤：

② 给狗狗一个便签，然后指着收信人。

③ 收信人叫狗狗。

④ 收信人用食物交换便签。

找车钥匙／遥控器

学前准备
取物／叼物（→P.24）

疑难解答
食物袋要一直系在车钥匙上吗
多次训练以后，你可以逐步解下来。但考虑到狗狗更容易找回味道奇特的东西，可以用橡胶或皮质的钥匙链。

小贴士！ 狗狗能看到的颜色有限。它们无法区别红色、橙色、黄色与绿色，但却能把这些同蓝色、靛蓝与紫色区别开来。虽然狗狗能识别的颜色细节比人类要少，但狗狗晚上的视力与对运动物体的敏感度却比人类强得多。

"小猫走丢后我能帮主人找到它。"

训练内容：
狗狗会帮你把丢的东西找回来。这项技能太有用了！

找车钥匙：

口令
找钥匙
找遥控器

① 零钱包里装点食物，系到钥匙链上。像做游戏一样把钥匙扔到某个地方，说出口令"取来钥匙"（取物→P.24）。狗狗取回后，从包里拿出食物犒劳它。由于狗狗自己打不开包包，所以它会赶紧跑回来把包包带给你。包里食物的味道有助于狗狗找到钥匙。

② 接下来，把钥匙藏到更远的地方，或是隔壁房间。跟狗狗玩游戏，让狗狗挨屋找。下一次当你找不到钥匙时，你会为狗狗学了这一技能而欣慰。

找遥控器：

① 大部分狗狗不喜欢把质地硬的塑料遥控器叼在嘴里。因此，在练习时，用胶带包住遥控。让狗狗先看看遥控器，再跟狗狗说"叼住遥控器"（叼物→P.24）。找回后，表扬狗狗，并拿食物跟狗狗交换。

② 把遥控器放到咖啡桌上，指着说："取来遥控器"。

③ 换更真实的场景训练。坐在椅子上，把遥控器放到常放的位置，让狗狗拿给你。这招会让你的客人们感到惊讶。

预期效果： 虽然学习找东西不复杂，但面临的挑战是如何让狗狗在寻找既非玩具又不是食物的东西时一直保持积极性。在这一过程中，一定要多表扬奖励狗狗。一个月内，狗狗就能为你找回你丢失的东西。

训练步骤：

找车钥匙：

① 找个钥匙链，把装着食物的零钱 ② 把钥匙藏起来，帮助狗狗找钥匙。
　包系上。让狗取回钥匙并奖励它。

找遥控器：

① 用胶带包住遥控器，让狗狗用嘴叼住。　② 把遥控器放到咖啡桌上，站在远处
　　　　　　　　　　　　　　　　　　　　命令狗狗去取。

推购物车

训练内容：

能帮人做事的狗狗总是讨人喜欢。狗狗后腿着地，推着购物车、儿童车或者玩具割草机（取决于狗狗的块头以及家务活的类别）。

上来：

口令
上来
往前推

① 选一件结实的家具，把手里的食物举到家具上方，对狗狗说"上来"。拍打家具诱导狗狗把前腿放上去。食物举得不要太靠后，防止狗狗跳上去或是直接跃过桌子。

② 狗狗两只前爪都放到家具上时，让狗狗吃到食物。

③ 把家具换成横杆。站在狗狗面前，把横杆放到你跟狗狗之间。让狗狗看到你嘴里的食物，然后，给出"上来"的口令引导狗狗把前爪放到横杆上。狗狗完成后，嘴对嘴喂它食物，如果你愿意，也可以把食物吐到它的嘴里。

往前推：

① 狗狗爪子放到横杆上后，一边向后走，一边跟狗狗说"往前推"。注意，横杆的高度要正好让狗狗笔直站立。

② 选择一辆高度适当的手推车或小车。车筐里放点东西，以避免车子被狗狗压翻。用毛巾裹住把手下面的格栅，防止狗狗的爪子卡进去。站到小车一边，扶住小车，防止其滑动。敲打把手，跟狗狗说"上来"。把食物举到狗狗面前，引诱它"往前推"。车子往前一动，马上奖励狗狗。记住，一定要在狗狗保持正确姿势时奖励它——保持直立。

③ 站在小车另一端。食物举到狗狗鼻子前，引诱狗狗往前推车。慢慢地，减弱你扶小车的力度。不用多久，狗狗就能自己推车购物了！

预期效果： 草地比较适合本技能的训练，因为草地能减缓车子的速度。训练过程中一直要控制好推车，因为一次跌倒就会让狗狗感到强烈的挫败感。

疑难解答

我家狗狗的前爪一直往下放

用食物当诱饵。狗狗往前走时，食物就放在离狗狗鼻子几英寸的位置。

提升训练！ 调整一下整理玩具（→P.46）的动作。让狗狗把杂货放到车里，然后再推着走。

训练步骤:

上来:

① 把食物举高，跟狗狗说"上来"。

② 狗狗的两只爪子都放上箱子后，给它食物。

③ 换成横杆，让狗狗把爪子放上来。

让狗狗从你嘴里吃到食物。

往前推:

① 你拿着横杆向后走。

② 引诱狗狗把爪子放上来。

拿着食物引诱狗狗往前推车。

③ 站到小车对面。

慢慢松开小车。

不用多久，狗狗就能自己推车购物了。

拿纸巾

训练内容：

打喷嚏是让狗狗拿纸巾的指令。狗狗还能帮你把用完的纸巾扔到垃圾桶里。

取纸巾：

① 准备一盒纸巾，用胶带把纸巾盒固定到低桌或地上。晃动露出来的纸巾，让狗狗叼住（叼物→P.24）

口令
啊嚏
扔掉
手势

② 站在离纸巾盒稍远的地方，指着纸巾盒，跟狗狗说"啊嚏，取来"，鼓励狗狗帮你拿纸巾。狗狗拿到后，让它给你（给我→P.26），用食物跟狗狗交换。

③ 坐在椅子上尝试。把纸巾盒放到不同地方进行训练，逐步去掉其他指令，最后只用"啊嚏"。做手势让狗狗保持注意力时，手里要拿着食物。

扔纸巾：

④ 坐在椅子上，旁边放个垃圾桶。弄皱纸巾，递给狗狗，告诉它"叼住，扔掉"。

⑤ 手里拿着食物，指着垃圾桶，重复说"扔掉"的指令。狗狗凑近嗅食物时，命令狗狗放下（→P.26）。狗狗扔掉纸巾后，把食物丢进垃圾桶，让狗狗能得到。这样做能让狗狗在垃圾桶里一直嗅，从而增加狗狗把纸巾放到垃圾桶的几率。

⑥ 狗狗进步之后，把垃圾桶放到更远的地方。

预期效果：取纸巾要比扔纸巾更易教。虽然基本动作几周内就能学完，但用一个口令完成本技能则要困难得多。想一想，你打喷嚏时，狗狗跑着给你取来纸巾，你的客人们会多么吃惊！

学前准备

取物 / 叼物（→P.24）

放下 / 给我（→P.26）

疑难解答

我出门时，狗狗竟然把纸巾盒里的所有纸巾都叼走了

有些狗狗会觉得叼纸很有趣。对此我只能说，你应该庆幸淘气的狗狗没发现厕所里的卷筒纸。

我的狗狗把纸巾都扔掉了

重新学习取物（→P.24）动作。狗狗把取的东西丢到地上时，鼓励狗狗去找回来，你不要去捡。

我的狗狗想扔掉纸巾时，纸巾竟粘到牙齿上掉不下来了

纸巾卷得越像个团，越容易被扔掉。你也可以在纸团里放一个小石头。

我的狗狗拿了纸巾后直接扔进了垃圾桶

发出"啊嚏"口令后，马上让狗狗看到食物。用眼神把狗狗吸引过来。

训练步骤：

取纸巾：

① 把纸巾盒固定在桌子上，让狗狗叼住。

② 指着纸巾盒，发出"啊嚏"指令。

③ 坐在椅子上，给狗狗做手势。

用食物跟狗狗交换纸巾。

扔纸巾：

④ 把弄皱的纸巾（纸团）递给狗狗。

⑤ 手里拿着食物，指着垃圾桶。

把食物丢到垃圾桶里。

⑥ 把垃圾桶放到更远的地方。

第六章

一起做游戏吧！

进了！狗狗运动员又拿下一分，观众沸腾了！绰号为"飞人费多"的狗狗一旦学会参与到你的比赛中，就能出色地投篮、扣篮、接球以及阻止球进入你的控球区。这只狗必将成为你的球队最抢手的球员。

朋友们周末都做什么？运动！不论是公园里的夺旗橄榄球，还是游戏室的桌上足球，运动比赛一直都是死党间的共同爱好。掌握了本章的技巧后，你的宠物狗也能参与到游戏中了。

不论你的狗狗钟爱足球、篮球，还是一个击射高手，它都可以通过学习这些受欢迎的运动技巧，与你一起驰骋赛场。

游戏不仅能培养狗狗的交际能力，还能为日后你跟狗狗相处建立规则。训练狗狗时，把自己当成教练。投入同纪律与权威相匹配的精力与积极性。游戏本身对狗狗来说就是奖励，但狗狗得到奖励的前提是遵守游戏规则。公平、诚实，同时要有耐心。一线明星最初也不过是个小人物，而狗狗也拥有一样的起点。

让我们去户外游戏吧！

足球

训练内容：

巨星狗狗带球奔跑并抽射进球时，球迷们肯定会兴奋不已。

① 从宠物店买一个带口的中空塑料玩具球，球滚动时，食物会随机地从洞口掉出来。球里装上金鱼饼干或其他粗粒狗粮，数量以够狗狗玩几天为好。玩具球会成为狗狗的最爱。

口令
足球

② 指着没装食物的空球，跟狗狗说"足球"。狗狗把球滚动几英尺后，把食物扔到球附近，让狗狗去找。

③ 逐步延长滚球的时间。再奖励时，不要把食物扔给狗狗，而是让它从你手上吃食物。

④ 换成真足球，发出相同的口令。狗狗把球滚动几步后奖励，但要逐渐延长滚动的距离。

⑤ 狗狗做好进球准备了吗？在网前设置一条球门线，比如草地旁的混凝土边线。跟狗狗一起跑，鼓励狗狗把球滚过边线外。成功后，马上奖励狗狗。

预期效果：狗狗通常很快就能自学滚球。换成真球后，狗狗会感到有些困惑。因此，需要你轮流使用玩具球和真球进行训练。每天训练，狗狗数周后就能向世界杯进军了！

"我最爱的游戏：一个是追球，另一个是追飞盘。"

疑难解答

玩球几次后，我家狗狗的鼻子脱皮了

用新玩具球或者球滚得快的话，狗狗的鼻子会有划痕或擦伤。经常检查狗狗的鼻子以及球上是否有突出物。

我的狗狗爱用爪子抓着球，而不是滚着球走

狗狗气馁了，不知所措。重新用玩具球练习，但只装一粒狗粮，狗狗听见球里有东西，但需要费点时间才能把狗粮弄出来。狗狗滚动球以后用手拿着食物进行奖励。

小贴士！把鸡汤冻成冰块，热天时作狗粮用。

训练步骤：

① 把狗粮放进玩具球内。

让狗狗自己玩球。

② 准备一个球，里面不要放食物。狗狗滚着球走时，扔给狗狗食物。

③ 换成把食物拿在手里奖励狗狗。

④ 狗狗滚动真球时奖励。

⑤ 设置球门线，指导狗狗把球滚过去。

橄榄球

训练内容：

狗狗两腿夹球前行，然后把球叼起。狗狗一身二职，既是中卫又是接球员。

① 把橄榄球丢到狗狗面前，跟狗狗说 "夹球"。虽然不懂你的意思，但听到你激动的声音后，狗狗会做出很多反应：捡球、丢球、把球扔到空中、发出叫声、把球拿给你或者用爪子抓球。每次狗狗的爪子触碰到球时，大声说 "真棒"，并马上奖励。

口令
夹球

② 逐步让狗狗把球抓得更紧。狗狗完成后，大声说 "夹得不错"！

③ 把几个动作连接起来：放下（→P.26）、鞠躬（→P.164）、夹球，以及在你扔出球时候接住球（曲棍球→P.92）。狗狗鞠躬时，对玩具的占有欲会使它把球捂住。狗狗会很快明白鞠躬后再夹球，狗狗会捂着球等待下一个指令。

预期效果： 刚开始训练该技能时，你和你的狗狗可能会感到有些挫败，因为狗狗需要多次尝试才能偶尔领会到夹球的动作。狗狗做出正确动作时给予奖励的时机非常关键。耐心加上坚持，一定会让你的狗狗成为橄榄球场上的明星！

学前准备
放下（→P.26）
鞠躬答谢（→P.164）
曲棍球（→P.92）

疑难解答
我的狗狗夹球缺乏力量
有些狗狗更愿意推着球从它两腿间穿过，而不是把球扔出去。你可以先拿着食物不着急奖励，等狗狗有点沮丧并用力把球扔到一边时，给狗狗一个头奖——一大把食物。

小贴士！ 驯狗是一种自控课——驯狗师的自控。

训练步骤:

① 鼓励狗狗玩橄榄球。狗狗爪子碰到球时奖励。

② 引导狗狗用力按球，然后奖励。

③ 和狗狗一起玩游戏，让它先放下，　　　　　再鞠躬，　　　　　然后夹球，

最后把球接住！

篮球

学前准备
取物（→P.24）
放下（→P.26）

疑难解答
我的狗狗一直投不准
投篮成功与否主要取决于奖励食物的时间与位置。注意狗狗的头部，并且食物举起的位置要保证狗狗张开嘴后球能掉到篮筐里。

提升训练！ 两个球栏，两只狗狗，外加上一筐球，能让扣篮游戏变得更加有趣！

小贴士！ 训练越像游戏，狗狗越热情。

训练内容：

狗狗赢得扣篮大赛冠军。让另一只狗狗加入到比赛中，或者让它挑战你朋友的狗狗。

1. 玩具球栏的高度要适当，保证狗狗后腿站立后能够到。把玩具篮球扔到地上，让狗狗去取（取物→P.24）。

口令
扣篮

2. 狗狗叼住篮球后，将食物贴着篮板举着，把狗狗引诱过来，同时发出"扣篮"的口令。

3. 狗狗够到食物时，命令狗狗"放下"（→P.26）。当狗狗张开嘴吃东西时，球就会掉进篮筐里。

4. 刚开始时，不管狗狗有没有把球丢进篮筐，都要奖励。狗狗有进步以后，要求狗狗把球丢进篮筐里再进行奖励。

5. 不再用食物进行引诱，而是挑战用敲打篮板的方式引诱狗狗过来把球丢进篮筐。狗狗有进步后，"扣篮"的口令就能让狗狗完成取球、投篮的一系列动作。

预期效果： 每节课练习10次，要保持训练生动有趣。几天内，你就能看到狗狗取得进步。真正的运动员能后腿站立，把球投到较高的篮筐。看，狗狗扣篮了！

"半场表演时，我会穿着胶靴。靴子着地很好，跑起来也很滑稽。"

训练步骤:

① 让狗狗叼住你扔出的篮球。

② 把食物贴着篮板举着，引诱狗狗过来。

③ 狗狗够食物时，张开嘴后篮球应正好掉进球篮。

⑤ 狗狗很快就能自己扣篮了。

曲棍球

疑难解答
我的狗狗站在那里不动，眼睁睁地看着球打到自己头上，这正常吗？
这种情况有时候会发生。不要直接把球射向狗狗，以防它还没有做好接球的准备。

小贴士！叼球次数过多会磨损牙齿。最好选择使用橡胶球。

训练内容：
狗狗站在网前拦截任何朝它飞来的东西，从而赢得比赛。

① 多数狗狗能自学这一动作；我们要做的是把动作跟口令关联起来。找一件狗狗容易叼住的东西，比如毛绒玩具。把毛绒玩具扔向狗狗并发出"抓住"的口令。狗狗接住时，表扬狗狗，并重复"抓得好，抓得好"。训练时不需要用食物，因为让狗狗玩叼物游戏本身就是奖励。

口令
抓住

② 让狗狗坐下（→P.15），你往后退，并把玩具扔向狗狗。每次都发出"抓住"口令，并交换使用玩具和球。

③ 现在，在狗狗后面设置一张栏网，用曲棍朝狗狗的方向击球。球要选质地软的、容易抓住的，但不要太小。这样，既可以不伤害狗狗，又可以防止狗狗吞食。

④ 接住球后，狗狗可能会在院里转圈，以此表示胜利。让狗狗回到原地，并把目标物（触碰目标→P.145）放到栏网中间。然后，发出"目标"的指令。狗狗一碰到目标物，就喊出"抓住"口令，并向狗狗的方向击球作为奖励。

预期效果： 对球痴迷的狗狗几小时内就能学会这一技能，而对你来说，真正要做的工作是成为一个好射手！

① 把毛绒玩具扔向狗狗，说出"抓住"口令。

③ 增加球网与球杆，朝狗狗的方向击打软球。

④ 触碰目标物能让狗狗回到球网前。　　　　　　　　　　　再给个球作为奖励！

捉迷藏

学前准备
别动（→P.18）
过来（→P.19）

疑难解答
我离开房间，狗狗也会跟着离开
不定时回头看看狗狗。狗狗要是动了，把它送回原位。室友做饭时，让狗狗待在厨房，这样狗狗就可能不会起身了。

提升训练！ 变换游戏场所。让狗狗学习藏起来（→P.96）的技能，换你去找。

小贴士！ 这个动作能帮狗狗记住你的名字。

训练内容：

让狗狗待着别动，同时你找个地方藏起来。说出解除口令，狗狗马上会来找你。

① 捉迷藏是个游戏，不是服从训练。用激情与笑声让游戏尽可能有趣。让狗狗坐下保持不动（坐下→P.15；别动→P.18），而你朝房间另一侧走去。让狗狗过来。狗狗完成后，奖励食物。

口令
来找
（某人名字）

② 让狗狗待着别动，而你要走出房间。充满热情地说"来找（你的名字）"。狗狗找到你后，表扬并奖励它。

③ 藏到一个更隐蔽的地方，比如门后。藏好后，大声叫狗狗。狗狗敏感的鼻子会让你无处藏身。

④ 游戏对你的狗狗来说太简单？实际上，狗狗能通过你走路时留下的味道找到你。为增加游戏的难度，你可以先后走进不同的房间，最后再选择藏身之处。

预期效果： 这一技能把学习与趣味巧妙结合在一起！狗狗在学习别动时已经有了纪律性，而现在磨炼的是狗狗的嗅觉能力。大多数狗狗都喜欢这个游戏，在你藏起来后还没数到20，狗狗就能找到你。

训练步骤：

① 让狗狗待着别动，然后叫狗狗过来。

把这当成游戏，而不是服从训练。

② 藏在屋子外面，用口令叫狗狗来找你："来找（你的名字）。"

找到你后，表扬狗狗。

③ 藏到更隐蔽的地方，比如门后。

藏起来

训练内容：

在听到你给出"藏起来"的口令后，狗狗马上去藏到某个东西后面。大块头的狗狗藏到窄柱后面会让人忍俊不禁。

① 喜欢玩具的狗狗最容易掌握这个技能。通过**取物**（→P.24）游戏让狗狗兴奋起来。

口令
藏起来

② 在游戏区域设置一个大的物件，比如一张侧立的野餐桌。先让狗狗看到食物，然后把食物扔到桌子后面，并跟狗狗说"藏起来"。狗狗跑到桌子后面时表扬它，并让狗狗集中注意力，迅速把玩具扔到院里。玩具就是奖励，而食物仅在引导狗狗到正确位置时使用。

③ 不再使用食物。指着桌子，发出"藏起来"的指令。如果狗狗没有往桌子后面走，朝狗狗走去，继续指着桌子说口令。你可能需要走到桌子前面，狗狗才会走到桌子后面。狗狗所在的位置不对的话，就不要奖励玩具。玩具就是狗狗的动机，狗狗越想要玩具，学得就越快。

④ 一旦狗狗学会藏在桌子后面，就可以换别的物体训练。指着一棵树或建筑物的一角，让狗狗去藏。

预期效果：也许你早已看到狗狗在跟踪猎物时会隐藏自己。喜爱玩具的狗狗几周内就能学会。奖励的前提是狗狗要藏好。否则，狗狗可能会养成窥视或缓慢向前走的坏习惯。

疑难解答

我的狗狗对玩具不感兴趣怎么办

那它对食物感兴趣吗？让狗狗先藏起来，然后扔一块食物给狗狗。一定要把食物扔给狗狗，而不是让狗狗跑回来向你要，因为这样会鼓励狗狗离开藏身地点。

小贴士！ 摘掉太阳镜。眼神交流是训练的关键。

② 把食物扔到桌子后面，跟狗狗说"藏起来"。

③ 不再使用食物，指着桌子对狗狗说"藏起来"。

狗狗完成后，用玩具奖励。

猜猜哪只手？

训练内容：

握紧拳头，让狗狗闻闻并猜测食物在哪只手里。

1 使用味道浓郁的食物，比如热狗。不要把食物握得太紧，露出一点来。把两个拳头伸到狗狗胸前，问狗狗"哪只手"，鼓励狗狗"去拿"。

口令
哪只手？
手势

2 当狗狗对握有食物的拳头感兴趣时，不管它是用鼻子嗅，还是用爪子抓，你要马上跟狗狗说"不错"，并摊开手心把食物给狗狗。用另一只手握住食物再进行训练。

3 如果狗狗猜错了，跟它说"哎呀"。摊开手，让狗狗看到手里什么也没有，并停止训练。停顿30秒，让狗狗感受下选错的后果，然后再从头训练。

4 增加难度：用手完全握住食物，仅留一条缝给狗狗嗅。

5 狗狗能持续选对答案时，训练狗狗改用爪子抓拳头来示意它的选择。让两只拳头接近地面。当狗狗用鼻子做出选择时，把另一只手背到身后，鼓励狗狗用爪子触碰正确的那只手，并对狗狗说"去拿"。

预期效果： 这一技能涉及两项狗狗最爱的事情：用鼻子嗅与获得食物！狗狗通常学得很快，但要达到较高的准确率还需要狗狗保持冷静、认真对待。

疑难解答
我觉得狗狗只是在猜

急不可耐的狗狗先看到哪只手就抓哪只手。试着把拳头举到狗狗头顶上，这样狗狗只能靠鼻子嗅，而无法用爪子够。狗狗把两只手都闻过后，告诉狗狗"等等"，然后把手放下来，并问"哪只手"？

狗狗挠我的手

说"哎呀，住手！"让狗狗知道你受伤了。为避免受伤，准备一副手套，直到狗狗学会这一技能。

提升训练！ 狗狗掌握这项技能之后，再学习猜豆子游戏（→P.102），同时提供三个选项，以增加难度。

小贴士！ 经常给狗狗洗澡，防止皮肤病。

1 把两个拳头伸向狗狗，鼓励狗狗"去拿"。

2 猜对时奖励狗狗。

寻找彩蛋

训练内容：

让狗狗坐着不动，同时你把彩蛋或食物藏到房间各处。然后让狗狗去找，找得越多越好！

① 让狗狗坐下别动（坐下→P.15；别动→P.18）。拿着食物凑到狗狗鼻子前面，发出"闻闻"的口令，暗示这将是它需要寻找的气味。把食物放到地上数英尺之外，让狗狗"去找"。狗狗找回食物后表扬它。

口令
闻闻
去找

② 重复游戏，但把食物放到更远位置。在给出解除口令前回到狗狗身边，否则狗狗可能在看不到你时偷偷起身。

③ 把食物放到外面另一个房间里。许多狗狗会借机尾随你进入房间（以为你察觉不到）。找一位朋友监督狗狗，或者多走回去看看，确保狗狗待着没动。如果你的狗狗感到困惑，带着狗狗一起跑向食物。狗狗进步后，把食物藏到更隐蔽的地方。此外，不想看到狗狗气馁甚至放弃的话，一定要看到它成功的时刻。试着把食物藏到高于地面的地方，比如咖啡桌或者台阶上。

④ 每次在房间里藏好几块食物，看它能找到多少。

⑤ 换成彩蛋或球。把球凑近狗狗鼻子并说"闻闻"。藏到容易找到的地方，当狗狗找到后，鼓励它拿回来跟你交换食物。

预期效果： 这是狗狗最爱的一项技能，因为狗狗喜欢用鼻子嗅并极为享受追踪的过程！蔬菜属于低热食物，便于藏起来，同时能带来很多乐趣。狗狗一周内就能明白这个游戏的规则。

"我超级喜欢这个游戏！我知道所有藏匿地点，能在主人准备好我的食物前找到所有的东西。"

学前准备
别动（→P.18）

疑难解答
我的狗狗很快就放弃了

所选的道具是为了让狗狗成功，而不是让它迷惑。慢慢来，让狗狗相信自己的能力。狗狗会逐渐爱上挑战。味道浓郁的食物更容易被找到。

我可以用复活节彩蛋玩吗？

绝对可以！跟狗狗说"闻闻"，同时让狗狗看着彩蛋。藏起来后，让狗狗去找。注意：在把彩蛋放进篮子前，狗狗可能就会吃掉它。

小贴士！ 保持开饭前藏8块食物的习惯。这样狗狗才会记住需要找出的食物的数量，而你也能拥有片刻的安宁去给狗狗准备晚饭。

1 把食物拿到狗狗鼻子前，　　　　　把食物放到几英尺之外。　　　　　　　　　　　　　让狗狗去找。
　　让狗狗"闻闻"。

③ 把食物放到另一间屋子里，与　　　④ 一次藏起来多块食物，看看狗狗能找出多少。
　　狗狗一起跑着去找。

⑤ 把食物换成球，藏起来让狗狗去找。　　　　　狗狗找回球后，进行奖励。

套圈

训练内容：

狗狗把圈套到垂直杆上。

① 轻拍垂直杆，让狗狗靠近并对它说"目标"（→P.145）。反复练习触杆几次，每当狗狗完成后就奖励它。

口令
套圈

② 从游泳池用品店买几个塑料圈。递给狗狗一个，让狗狗叼住（→P.24）。让狗狗从外侧咬住圈的上部，环住下巴。

③ 狗狗嘴里叼着圈时，给狗狗发出"目标"的指令。

④ 当狗狗嘴里叼着圈碰到垂直杆时，在垂直杆的正上方给狗狗食物，发出口令指导狗狗把嘴里的塑料圈放下（→P.26）。不管塑料圈套没套在杆上，都要给予奖励。

⑤ 狗狗有进步后，提高要求，只有把圈套在杆上时再奖励。敲击杆让狗狗集中注意力，用食物引导狗狗把头向前伸，直到塑料圈正好环住杆。对狗狗说"放下"。当塑料圈套到杆上时，马上表扬并奖励狗狗。如果没套上，则对狗狗说"哎呀"，并重新尝试。

⑥ 狗狗掌握了这项技能之后，要求狗狗从地上或从另一个杆上取回圈，而不是从你手上拿圈。狗狗可能会叼住圈的下部，从而导致套不进去。训练与犯错会让狗狗最后明白，要叼住圈的上部才行。叼住下边时，狗狗会松嘴，让圈向下转过来。狗狗很聪明的！

预期效果：虽然这一技巧看起来很难，但狗狗的表现往往会超出你的预期。刚开始，每节课大概练习5次即可，因为时间长了狗狗会有挫败感。记住，狗狗成功地完成一次训练后再结束整个练习。

学前准备
叼物（→P.24）
触碰目标（→P.145）
放下（→P.26）

疑难解答
我的狗狗把圈套上后马上又拿下来了
狗狗太激动了，忘了松嘴放开圈。当狗狗把圈套到一半时，用手指抓住杆的顶部，防止圈被狗狗拿回去。狗狗很快就能明白你的用意。

提升训练！这个技能可以进一步演变成向零钱罐丢硬币或者把圈套在你的胳膊上。

训练步骤：

① 把杆作为目标。　　　② 把圈朝上递给狗狗。　　　④ 把食物举到杆的顶端。

⑤ 让狗狗保持对杆的注意力，直到圈
　的下部碰到杆。

命令狗狗"放下"圈。

狗狗将圈套在杆上后给予奖励。

⑥ 让狗狗从另一个杆取圈。　　　变换玩法，比如，改为你用手举着杆。

猜豆子游戏

学前准备
寻找彩蛋（→P.98）
有帮助的动作：猜猜哪只手?（→P.97）
有帮助的动作：握手（→P.22）

疑难解答
可以用杯子取代花盆吗?
黏土花盆的重量与外形都能防止被狗狗轻易弄翻，而且它的底部有气孔，散发出的气味能把狗狗的注意力吸引到盆底上，从而降低了花盆从桌子上滑落的风险——杯子则容易在狗狗抓挠时翻倒或摔碎。

小贴士! 控制作为奖励的食物的数量，如果超了的话，晚餐就要少给一些。

训练内容：

这个游戏源自一个经典的骗术：桌上倒扣着三个杯子，其中一个下面放着一颗豆子。骗子来回快速移动杯子后，参与者下注打赌豆子究竟在哪个杯子下面。再精妙的戏法也瞒不过嗅觉灵敏的狗狗，因为它能闻出豆子到底在哪儿。

① 先从一个黏土花盆开始训练。用食物摩擦花盆内部，在花盆里留下浓郁的味道。让狗狗看到你把一块食物放到地上并用花盆扣住。鼓励狗狗并对它说"去找"（→P.98），狗狗用鼻子嗅或者用爪子挠花盆时，表扬狗狗，并拿起花盆让狗狗吃到下面的食物。

口令
去找

② 当狗狗明白规则以后，按住花盆不动，持续鼓励狗狗直到它用爪子挠花盆。轻拍狗狗的手腕或者说"握手"（→P.22），让狗狗明白需要使用爪子。狗狗的爪子一碰到花盆，就把花盆拿起来作为奖励。努力让狗狗用爪子轻触花盆，不允许它把花盆翻过来。

③ 再增加两个花盆，并在有气味的花盆上作记号，这样你就不会忘记到底是哪个！轻声对狗狗说"去找！"拍打第一个花盆让狗狗嗅，然后依次嗅第二个、第三个。狗狗爪子触碰的花盆不对时，不要把花盆拿起，而是说"哎呀"，并鼓励它继续找。狗狗反复嗅三个花盆时，用你的音调让它保持冷静。当狗狗对藏有食物的花盆表现出兴趣时，激励它继续。狗狗失去兴趣时，快速拿起花盆并扣上，让狗狗看到下面的食物。当它挨个嗅花盆时，用手压着花盆，以免花盆被狗狗挠翻。

④ 把花盆放在较低的桌上，以增加难度。把食物放在一个花盆下并来回挪动花盆。狗狗应该用爪子轻触藏有食物的花盆。

预期效果：嗅觉游戏可能会让狗狗感到大费脑力。因此，耐心对待狗狗的消极反馈。每节课多练习几次，并以成功的一次作为结束。

训练步骤：

① 把食物放在一个花盆下面。狗狗用鼻子嗅时，拿起花盆。

② 按住花盆不动，直到狗用爪子触到花盆。

③ 再加两个花盆。按住花盆不动，
让狗狗挨个嗅。

狗狗失去兴趣时，快速拿起并扣下花盆，让
狗狗看到食物。

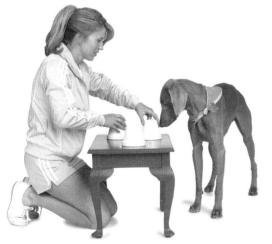

④ 在较低的桌子上移动花盆。

狗狗用爪子轻触花盆，指出哪个花盆藏有食物。

蓄势待发

训练内容:

你可能已经观察到了自家狗狗捕食前蓄势待发的本能行为。每当这时,狗狗全身紧绷、尾巴竖起、全神贯注,同时一条前腿抬起,爪子向内弯曲。

① 这个动作不属于常规训练,而是在你观察到狗狗自然地表现出类似行为时进行训练。比如,发现狗狗目不转睛盯着一只鸟时,你可以蹲下身,仿佛在和它一起狩猎,并轻声对它说:"这是什么呀?想得到它吗?"这会让它保持紧张状态。靠近目标,但别走在狗狗前面,避免狗狗冲出去。你的目的是让狗狗尽可能长时间保持警惕。

口令
准备

② 在更刺激的室外环境训练。将狗狗最爱的球扔出几米远,激发出它内在的冲动;同时,抓住它的项圈。让狗狗待着别动(→P.18),这时尽量少说话,以免让它分心。

③ 一边向球走去,一边看着狗狗,示意它别动。通过拍球激发狗狗的兴趣。说出解除指令"OK",示意狗狗可以扑向猎物了。由于解除指令是随机发出的,因此,狗狗会学习绷紧身体以便随时扑向预期的突袭方向。

④ 狗狗有进步时,轻抚狗狗尾部下端,轻拍狗狗的爪子,鼓励狗狗保持正确姿势。

预期效果:运动犬和猎性高的狗狗能轻松学会这项技能,但温和的狗狗可能从来不会表现出这种行为。

学前准备

有帮助的动作:别动(→P.18)

疑难解答

这种训练会不会鼓励狗狗去追小动物?

蹲点和追逐截然不同。搜寻和蹲点都属于自我奖励的动作,而追逐则不然。

① 注意你的狗狗什么时候会本能地对某样东西保持警惕并凝视。

② 抓着狗狗的项圈并扔出玩具。

④ 鼓励狗狗保持正确姿势。

3-2-1，跑！

训练内容：

当你从3开始倒数时，你跟狗狗都要保持不动。发出"跑"的口令后，你和狗狗一起冲出去，与之伴随的是人叫声、犬吠声，当然还有你家里的"浩劫"。

口令
3-2-1 跑

① 当狗狗兴奋愉悦时，让它站在你左侧，并用手抓住它的项圈。蹲下来准备冲刺，并拉长声音说"3……"

② 狗狗可能非常兴奋并试着往前冲。抓住它的项圈，告诉它待着**别动**（→P.18）。用训练而非命令的语气对它说，这样狗狗在被放开后仍然会保持兴奋。

③ 继续说"2……1"，然后松开它的项圈大声喊"跑！"并从它身边快速冲出。没必要给狗狗食物，因为游戏本身就是奖励。

④ 尝试在喊"3-2-1"的过程中不抓狗狗的项圈，但要让它待着别动。如果狗狗往前冲了，停止游戏，命令狗狗回来。重新开始数"3-2-1"。

预期效果： 作为一种聪明的（或者说狡猾）动物，在了解"3-2-1，跑"的模式后，狗狗经常在你发出指令前1秒钟冲出去。这是一种用来训练"别动"的好方法。

学前准备
别动（→P.18）

疑难解答
我的狗狗变得异常兴奋！
做这个游戏时，狗狗可能会欣喜若狂，变得野性放任从而伤害到自己或你。因此，要对周围环境保持敏感。在敏捷比赛或者进行更多训练前，可以通过这个游戏让狗狗热身。

④ 当你说"3……"时让狗狗待着别动　　　"2……1……"。　　　说"跑！"时放开狗狗

第七章

跳跃与接物

协作指的是你跟狗狗进行同步的跳跃和接物游戏。你跟狗狗要合作完成表演，因此彼此要建立信任与理解。你得到的奖励不在别处，就在你们训练的过程中；衡量成功的标准是你的微笑，是狗狗愉快的叫声和它轻摇的尾巴。

狗喜爱跳跃——这是一种令人兴奋和自我奖励的行为。跳起接物会让观众看到狗狗的速度、优美动作、协调能力与运动能力，给他们留下深刻的印象。狗狗在跳跃的时候是幸福的，而观众也会情不自禁地被狗狗对生活的热爱所感染。

狗狗的健康状况不佳或者生病受伤时，跳跃运动就是一项费力、痛苦的训练。密切关注狗狗的身体状况，并记得让狗狗做拉伸、热身以及放松动作。训练要量力而行，不要鼓励狗狗跳得太高；同时要控制狗狗的姿势，以便于狗狗跳起与落地时身体保持平直。

跳杆

训练内容：

狗狗将学习如何跳杆。

① 搭建一个跳杆，或者用两把椅子和一把扫帚自制一个跳杆。为了安全起见，跳杆不要固定死，并在被碰到时能掉下来。小型犬跨越的杆的高度：3～6英寸（约7.5～15厘米），中型犬：12～18英寸（约30.5～46厘米）。

口令
跳

② 给狗狗系上牵引带，跟狗狗一块朝跳杆跑去。一边激动地说"跳"，一边跟狗狗一起跨栏。成功后表扬狗狗。狗狗很不情愿时，把杆放在地上，然后跟狗狗一起迈过去。尽量避免拉着狗狗硬跳，要多鼓励它。

③ 狗狗的信心提高后，逐渐增加杆的高度。尝试让狗狗从不同位置跳杆。让狗狗站着**别动**（→P.18），从跳杆的对面叫它，或者站在跳杆一侧示意狗狗。还可以让狗狗跳8字形：跳过，然后从左侧绕回来；再跳，然后再从右侧绕到你身边。

预期效果：大多数狗狗都很享受跳跃的过程，并在得到足够的鼓励下能轻松完成跳跃。狗狗几天内就能成为跳跃能手！

疑难解答

我的狗狗被杆绊倒过一次，之后就不敢跳了

狗狗能否忘掉这段经历完全取决于你。鼓励狗狗"别放在心上"，并保证杆在被碰到后能落下，同时地面不能太滑。把容易缠住狗狗的牵引带换成短一点的绳子。

提升训练！以这项技能为基础，教狗狗从后背跳过（→P.110）。

② 牵着狗狗，随着它一起跳。

③ 逐渐提高杆的高度。

站在跳杆对面叫狗狗跳过来。

跳过膝盖

训练内容：

单膝跪地，让狗狗跃过你抬起的膝盖。

① 让狗狗站在你左侧。左腿跪地，右腿 前伸，右脚顶墙。用食物引诱狗狗从 你的腿上跳过。狗狗跳过去时，说出"跳"的口令。狗狗试 图从你的腿下钻过去时，把腿压低一些。

口令
跳

② 把腿抬高一点。脚踝的位置最低，狗狗最可能从这里跳过。 因此，食物要尽可能靠近你的身体，引诱狗狗从大腿位置跳 过。语气要热情一些，这会鼓励狗狗跳得更高。

③ 左腿跪地，右腿大腿与墙面垂直，膝盖顶住墙。如果狗狗想 从腿下钻过去时，慢慢引诱它，让它把前爪先放在你的大腿 上。在这个位置，允许狗狗咬到食物。然后，把食物拿远一 点，并充满热情地说"跳"，诱导狗狗完成跳跃。

④ 膝盖不再顶着墙。右手臂往外甩一下，示意狗狗从你膝盖上 跳过。

预期效果：对狗狗来说，这是一个有趣的游戏，并且大多数 狗狗都能掌握。在狗狗精力充沛时训练，一两周之内狗狗就能 学会。

> **提升训练**！跳过膝盖是学习"跳进我 怀里"（→P.112）的第一步！

> **小贴士**！让狗狗在你身后转一圈 （→P.166），准备第二次跳跃。

① 引诱狗狗从你伸直的腿上跳过。

② 把腿抬高点，让狗狗再"跳！"

③ 单膝跪地，膝盖顶墙。

从后背跳过

训练内容：

你蹲下后，狗狗从你后背上一跳而过。这样的表演与合作会给观众留下深刻印象。

① 狗狗从杆上跳过（跳杆→P.108）时，你要站在支架一旁。杆的高度大约是24英寸（61厘米）。

② 这一次，在支架旁蹲下。

③ 双手与双膝着地，跪在横杆下面，指导狗狗跳过。狗狗不情愿时，让朋友鼓励它跳过。狗狗在学习本技能的过程中，遇到任何困难都要返回去学习前一个环节。

④ 把杆从支架上拿下来，但你要在两个支架间保持姿势不动，让狗狗再次跳过去。交替在有杆与无杆下训练。

⑤ 继续训练。把支架放倒在地，让狗狗从你身上跳过。

⑥ 把跳杆和支架都去掉。狗狗如果困惑的话，可以把杆放在后背上作为视觉提示。

⑦ 狗狗能熟练地从你身体跳过后，背对狗狗站着，双臂展开，扭头对狗狗喊"跳"。狗狗朝你跑过来时，在最后一秒蹲下身体，让狗狗跳过去。表演得太精彩了！

口令
跳

手势

学前准备
跳杆（→P.108）

疑难解答
我的狗狗跳到我背上了

有的狗狗喜欢跳到主人的背上，而另外一些狗狗会尽力避免碰到主人的后背。跟狗狗协作找出最适合你们的方法。

提升训练！ 以这个动作为基础，学习翻筋斗／倒立（→P.114）。

小贴士！ 每节课都设一个要达成的目标。

预期效果： 运动犬在几周之内就能从你身上跳过。确保狗狗有良好的附着摩擦力，并且在跳跃时控制力较好。每跳完一次，通过触碰目标（→P.145）让狗狗回去，以确保狗狗总是沿着直线跳跃。每天重复跳几次就足以让狗狗掌握这项技能，并且不会让狗狗体力损耗过大。

训练步骤：

① 让狗狗跳过24英寸（约61厘米）高的跳杆。

② 狗狗跳时，蹲在支架旁边。

③ 双手与双膝着地，趴在横杆下。狗狗不愿意跳时，让朋友鼓励它。

④ 保持姿势不动，但是把杆去掉。

⑤ 把支架放倒在地。

⑥ 移开跳杆和支架，但杆还是放到后背上，作为让狗狗跳跃的提示。

跳进我怀里

训练内容：

狗狗朝你怀里跳时，在半空中接住它。

向前跳（小狗）：

① 坐在椅子上，拍自己的大腿，跟狗狗说"跳"，鼓励狗狗跳到你膝上。玩具或者食物有助于鼓励狗狗。一定要确保安全地接住它，并进行表扬和奖励。如果狗狗喜欢被你接住，那就把这当成是对它的奖励。

口令
跳
手势

② 逐渐从椅子上站起来。你的背要靠着墙，让狗狗相信你的姿势很稳，让它能够把你的大腿作为跳台。

③ 狗狗有了信心以后，离开墙壁。膝盖稍弯，给狗狗提供一个跳跃的斜坡，确保每次都能安全地接住它。

学前准备
跳过膝盖（→P.109）

疑难解答

狗狗跳过来时，我没接住它……

狗狗在做这个动作时，给了你很大的信任，相信你能安全地接住它。重新练习基本的动作，注意每次都要安全接住狗狗。

我的狗狗活力不足

如果狗狗喜欢玩具，那玩具就比食物更能激发狗狗的热情。用玩具挑逗狗狗。狗狗跳起时，把玩具扔出去，然后接住狗狗。

小贴士！ 通过激发狗狗热情，你自己也会充满了热情。

① 鼓励狗狗跳到你膝盖上。　　完成后表扬它。

② 靠在墙上。

③ 膝盖稍弯。

从侧面跳（小狗或大狗）：

① 让狗狗跳过膝盖（→P.109）。右腿跪地，左膝抬起，并让狗狗站在你右侧。左手举高并作为狗狗的目标。必要时，可以使用玩具。

② 轻抬跪地的右腿，让膝盖离地。

③ 右腿进一步抬高，直到狗狗跳到的最大高度恰好可以被你接住。狗狗跳到最高时，双手轻触狗狗，此时的位置就是稍后接住它的位置。不要尝试第一次就完全接住它，因为这会吓到狗狗。逐渐增加你抓住狗狗的力量和时间，一定要沿着狗狗跳跃的弧线去接住它，然后放开狗狗，让它跳到地上。

④ 最后，狗狗跳到最高点时接住它，并顺势而下。接住时用力要均匀，避免对狗狗的脖颈或腹部用力过大。

预期效果： 要学会这个动作，狗狗需要很好的体能，同时对你的身手有信心。一些狗与主人的组合可能永远完不成这个动作。

① 让狗狗从你的膝盖上跳过。

② 跪着的膝盖逐渐抬高。

③ 狗狗跳起后轻触狗狗。

④ 在狗狗跳到最高点时接住它。

翻筋斗／倒立

训练内容：

在你翻筋斗或者倒立时，狗狗从你两腿间跳过去。这一叹为观止的动作要求你跟狗狗的精准同步以及彼此间的完全信任。

翻筋斗：

口令
翻筋斗

① 狗狗已经学会如何从你后背跳过去（→P.110）。现在，跟狗狗配合，让狗狗从你正面跳过去。在狗狗面前蹲下，伸开双臂，头低下，但偏向一侧，以和狗狗进行眼神交流。

② 加一个翻筋斗慢动作。向狗狗走去，胳膊举起伸直，稍后这会成为指导狗狗的手势。蹲下跟狗狗说"翻筋斗，跳！"。狗狗跳过去后，你双手着地，肩膀伸展，下巴埋在胸前，头埋在手里，做前翻动作。这一步要练习几周时间，因为与狗狗肢体的任何碰撞都将导致狗狗在学习上的退缩。

③ 现在，让狗狗在你前翻的过程中跳过去。狗狗要计算速度和距离，因此，起初可能跳不成功。把鞋脱掉，以免碰到狗狗。连续缓慢地翻筋斗。狗狗在起跳时退缩的话，再试一次。狗狗成功后要大力表扬。

④ 最后，把你的腿叉开成一个V字形，让狗狗跳过去！最初，狗狗因猝不及防，可能会碰到你分开的双腿。在翻筋斗时可以叉开腿，并在翻的过程中一直保持叉开状态，让狗狗逐渐熟悉这个姿势。

学前准备
从后背跳过（→P.110）

提升训练！ 让狗叼着指挥棒跳（→P.116）！

小贴士！ 倒立时穿上防护装备。

① 面对着狗，让它从你身上跳过。

② 狗狗从你身上跳过后完成翻筋斗动作。

③ 尝试在狗狗跳的过程中翻跟头。

用手倒立：

① 单独练习倒立。迈出弓箭步，双手向上伸展并略向前方倾斜。前腿向前蹬，双手着地，后腿反方向抬起。最终，足部朝天，双腿叉开成一个大V字，以便狗狗从分叉处跳过去。脑袋向地板靠近，下巴贴近胸部，完成前滚翻动作。

② 脱掉鞋！从翻筋斗开始，慢慢提高翻的高度。第一次倒立时应让脑袋着地，然后双脚向上伸直。

预期效果： 很少有狗狗和教练能完成这个动作。因为这个动作涉及身型大小、弹跳能力、自信以及信任等问题。克服这些问题后，你的狗狗将掌握一项最棒的技能。

① 倒立从弓箭步开始。　　双脚朝天　　头放低，收起下巴　　向前翻　　完成。

跳指挥棒

学前准备
跳杆（→P.108）
叼物（→P.24）

小贴士！ 狗狗的安全是第一位的。多花点时间观察场地、检查道具、查看狗狗是否受伤，并将任何可能出错的地方都考虑周全。

训练内容：

狗狗嘴里叼着指挥棒，从你手上的指挥棒跳过去。新颖的姿势能将这一技能升级为真正的马戏表演。

1 让狗狗跳杆（→P.108）热身。站在跳杆旁，胳膊向远处挥动，示意狗狗跳过去。

口令
跳
指挥棒

2 把支架去掉，只留下跳杆。用离狗狗近的一只手拿着杆，并保持水平。给狗狗发出"跳"的口令，同时另一只手拿着食物引诱狗狗。如果狗狗想绕过跳杆，则把跳杆的另一端顶着墙。

3 连续跳几次。每次跳完都改变你身体的姿势。装饰跳杆，或者用一根色彩鲜艳的指挥棒。

4 让狗狗也叼一根指挥棒。选择狗狗愿意叼在嘴里的物品。比如，用彩色的绝缘带包裹的软管或下水管，或者是宠物店卖的带网球纹的飞棍。把"指挥棒"这个词同实物关联起来。让狗狗叼着它（叼物→P.24）从你手上的指挥棒跳过！

预期效果： 狗狗在几周之内就能掌握跳指挥棒的基本动作。但是，每次变换姿势都需要学习一段时间，因为你跟狗狗都需要时间适应。这样的协作真的是一种亲昵体验。

"有时，我不想叼着指挥棒，所以我把它吐了出来。有时，我用嘴角叼着指挥棒一端。"

1 挥动右臂，示意狗狗跳过跳杆。

2 杆的另一端顶住墙壁，并引诱狗狗跳过去。

3 用色彩鲜艳的指挥棒，并尝试不同的身体姿势。

4 制作一个让狗狗容易叼的指挥棒。

跳绳

训练内容：

与正常跳绳一样，狗狗随着摆动的绳子跳起落下。你和狗狗一起跳绳时，可以让另外两个人摇绳或你自己拿着绳子两端自己摇。

① 让狗狗在门垫或者地毯上待着别动。练习雀跃（→P.175），让狗狗落在垫子上。逐渐拉开同狗狗的距离，以便于狗狗继续在垫子上跳时，你可以站在几尺远之外。

口令
跳

② 准备一条7英尺（约2米）长的比较轻的绳子。把绳子一端绑在齐腰高的物体上。让狗狗站在垫子上。慢慢地前后摇摆绳子，让狗狗逐渐适应。

③ 发出雀跃的口令，并尝试在狗狗起跳后让绳子从狗狗身下摆过。不要尝试用绳子甩整圈。刚开始时，狗狗跳起后就给奖励，不管绳子是否能从狗狗身下绕过去。狗狗要适应绳子的节奏。同时，你发出指令的时机对跳绳成功与否至关重要。

④ 狗狗成功完成一跳以后，就可以练习第二跳了！狗狗在空中停留时间较长或者身材较小时，可以摇慢一些。慢慢摇绳，让绳子从狗狗身下摆过。

预期效果：即使学得快的话，也需要几个月才能掌握。你跟狗狗能否同步是成败的关键，但让你和狗狗达到一致的节奏需要一定的适应时间。练习时间不要太长，这样才能保持狗狗的热情。终有一天，你会发现狗狗学会跳绳了！掌握了绳子一端固定的跳法后，尝试双手握着绳子两端与狗狗面对面跳绳。

学前准备
雀跃（→P.175）

疑难解答
狗狗冲我跳过来，结果没落到垫子上

狗狗要跳起来时，朝它移动一下，挤得狗狗向后退。落在垫子上时奖励。

我的狗狗跳得不够高，不能躲开绳子

试着用呼啦圈或者棍子练习。这样要是跳得不高，狗狗就能感觉到有东西碰到它的脚踝了。

训练步骤：

① 练习雀跃，让狗狗落在垫子上。

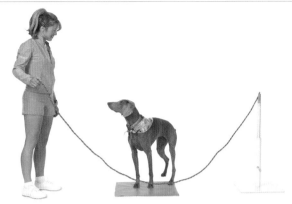

② 让狗狗熟悉下绳子。

③ 给出口令让狗狗雀跃，并让绳子从它身下摆过。

④ 再加入一条狗狗一起跳绳，或者跳第二下！

追叼飞盘

训练内容：

狗狗追叼飞盘能激发它的捕食动机。

① 使用专门为狗设计的飞盘，比如 Hyperflite®和Frisbee®的软塑料飞盘，或者有弹性的Aerobie® Dogobie或者 Soft Bite Floppy Disc®飞盘。硬塑料飞盘可能会伤到狗狗的嘴或牙齿。食指往前伸一点，手指弯曲，捏着飞盘内侧边缘，并保持水平。肩膀与目标保持垂直，往怀里收飞盘，朝目标迈一步，胳膊呈环状。猛收手腕与肘部，把飞盘抛出。

口令
飞盘 / 叼住

② 不让狗狗轻易得到飞盘——把飞盘藏起来提高对狗狗的吸引力。狗狗想玩时，用手指在地上旋转飞盘。狗狗表现出兴趣时，像轮子一样把飞盘滚出去。在狗狗兴致高昂时结束游戏训练。

③ 狗狗在追逐飞盘时，通过拍手以及**过来**（→P.19）的口令鼓励狗狗把飞盘拿回来。如果狗狗没有过来，别去追它，转过身去不理它。

④ 沿较低的水平方向抛出飞盘，让狗狗在半空中接住。不要直接朝狗扔去。

⑤ 狗狗回到你身边后，让它把飞盘放下（→P.26）。试着用两个完全一样的飞盘练习，并在狗狗放下一个后马上扔出第二个。

预期效果： 本技能可能需要数月时间才能学会。因此，狗狗不能马上掌握时，不要气馁。此外，不到14个月大的狗狗不能跳起来叼飞盘。所有狗狗都要经兽医检查健康状况。狗狗跳起来后应该四爪先着地，而不是垂直落下来。那样的话，狗狗的脊椎和后膝会受到伤害。

提升训练！ 提高难度，训练跳膝追叼飞盘（→P.122）！

小贴士！ 30~50磅重的牧羊犬是追叼飞盘的天才！

"我喜欢追逐飞盘。我跳起来叼住它，弹无虚发！"

训练步骤:

① 最好是沿较低的水平方向投掷飞盘。与地面平行抓住飞盘,食指稍微伸开,手指弯曲,捏着飞盘内侧边缘,让飞盘水平扔出。

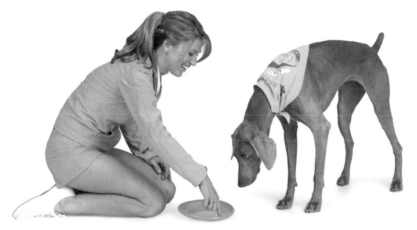

② 在地上转动飞盘引起狗狗的注意。

把飞盘滚动出去。

⑥ 训练狗狗半空追叼飞盘。

跳膝追叼飞盘

训练内容：

狗狗越过你抬高的人腿去追叼飞盘。

1 首先，把狗狗学会的两个动作结合起来：**追叼飞盘**（→P.120)与**跳过膝盖**（→P.109）。如果你不是左撇子的话，左腿着地，右腿成拱形，让狗狗站在你的左侧。手拿飞盘敲打自己大腿，然后往右上方向举起飞盘。鼓励狗狗把你的大腿当成跳台，去够飞盘。

2 狗狗跃过你的腿想从你手上够飞盘时，把飞盘扔出去，但不要太远。记住，先用飞盘敲自己大腿发出信号。

3 像火烈鸟那样站起来，脚跟顶住小腿。先让狗狗从你手上接住飞盘，然后让狗狗追叼扔出去的飞盘。慢慢地，狗狗就能在空中接住飞盘。

口令
飞盘或叼住

手势

预期效果： 扔飞盘的时机与位置是这一技能训练的关键。这对你和狗狗而言都是一个学习的过程。在狗狗意犹未尽时结束训练，从而保持狗狗进一步学习的积极性。

学前准备

追叼飞盘（→P.120)
跳过膝盖（→P.109)

提升训练！ 掌握了跳膝追叼飞盘后，尝试越过胸前或后背追叼飞盘！

小贴士！ 体育用品店的护腿带能保护你免于在训练时被狗狗抓伤。

训练步骤：

① 让狗狗站在你左侧，同时右腿作拱形。

让狗狗从你膝头越过，去接飞盘。

② 刚开始，飞盘扔得不要太远。

③ 像火烈鸟那样站起来，让狗狗越过你的膝头追叼飞盘。

第八章

跳 圈

狗狗信心十足地跳过滚动、旋转或者用纸条装饰的圈，而跳火圈（实际上是镶着橘色丝带的呼啦圈）与勇敢的狗狗无疑是绝配。

跳圈的最大好处是任何种类的狗狗都能学会与之相关的动作。同时，只要稍微有点想象力，就能从跳圈演变出数不胜数的招数：跳过滚动的圈、手臂围成的圈、地上的圈、背上的圈、从圈上跳过去、从圈下跳过去、小圈、大圈，甚至是连跳双圈。

一旦学会，狗狗就永远不会忘记这个本领。此外，狗狗很容易把圈圈同其他圆形的物体联系起来，比如敏捷训练中的轮胎障碍物，甚至是手臂围成的圈。不管在哪里，你都可以即兴设计跳圈表演，让狗狗取悦你的朋友。

跳呼啦圈

训练内容：

狗狗从你手上或固定在某个位置的呼啦圈一跃而过。

① 把呼啦圈上发声的环珠取下，避免吓
到狗狗。手拿圈圈支在地上。一只手
尽量靠近狗狗，跟狗狗说"跳"。另一只手拿着食物，引诱
狗狗钻过去。狗狗钻过去时，奖励狗狗食物。有些狗狗第一
次会害怕。这时，可以用牵引带拉着狗狗过去。为防止狗狗
从圈外绕过，可以把圈圈放到门口。

口令
跳

② 狗狗明白了怎么回事以后，把圈圈从地面上拿起来。有时狗
狗会被圈卡住，一旦遇到这种情况就要立刻把狗狗从圈里
"解救"出来。

③ 假设狗狗有足够的体能，把圈举得再高点，让狗狗只能跳着
钻过去。尝试让狗狗助跑，或者把食物举到圈的另一侧，引
诱狗狗向上跳过。为防止狗狗跳到空中扭头时受伤，一定要
把食物往狗狗前方扔，而不是让狗狗扭头找食物。

预期效果：狗狗通常几周内就能掌握这个动作，而且玩得很
起劲。把呼啦圈装饰一下，同时选择有创意的地点，可以增加
表演的观赏性。

疑难解答
圈圈落到狗狗身上，狗狗害怕了！
狗狗会受你情绪的影响。不要溺爱你的
狗狗，往下进行即可。

小贴士！在结束训练时，可以让狗狗
做一个已学会的动作，狗狗做得好时奖
励它。这样可以始终保持狗狗的训练
热情。

① 用食物引诱狗狗钻过。　　② 把呼啦圈举高。　　③ 狗狗跳起后扔出食物。

跳胳膊圈

疑难解答

我的狗狗块头太大，从胳膊里钻不过去

两手距离拉大，或者两手之间拿根绳，从而围出个更大的圈。

我的狗狗会跳呼啦圈，但不愿意跳胳膊圈

如果过于靠近你的胳膊或头，有些狗狗在跳过时就会紧张。尝试交替练习跳呼啦圈与跳胳膊圈。

提升训练！ 狗狗掌握了这一技巧后，距离跳背部呼啦圈（→P.132）就不远了。

小贴士！ 狗狗意外伤害到你时，不要表现出来。狗狗会因为怕你受伤而不愿再表演这个动作。

训练内容：

狗狗从你的胳膊环成的大圈里跳过。

① 跳几次呼啦圈（→P.125）热身。

② 在狗狗跳圈的过程中，逐步用双臂环绕圈。注意头不要挡着狗狗起跳的位置。

③ 继续练习同样的动作。这次，不要用呼啦圈，只是用手臂围圈让狗狗跳。大狗跳时，手要分开些。狗狗不情愿时，返回接着跳呼啦圈。

④ 要学会创新。狗狗可以从胳膊或腿围成的圈跳过。

口令
跳
手势

预期效果： 学习这个技能时，狗狗可能今天进步了，明天又退步了。即使第一天能跳过胳膊圈，第二天可能还需要先跳呼啦圈预热一下。

训练步骤：

 跳呼啦圈热身。

② 环绕呼啦圈展开双臂。

扩大臂弯时，头不要妨碍狗狗跳圈。

④ 用身体其他部位围成圈，让狗狗跳过去。

跳双圈

学前准备
跳呼啦圈（→P.125）

疑难解答
狗狗每次都碰到圈，不能顺利地跳过去怎么办
你的狗狗是在逃避做这个动作。狗狗起跳前往后退一小步，鼓励狗狗用力跳。

小贴士！ 狗狗总是从你右边开始跳，这意味着狗狗的跳圈习惯是顺时针方向。

"有时候，我穿着闪亮的披肩在马戏团表演。马戏团有很多花生可以吃。我喜欢花生。"

训练内容：
狗狗连续从你两只手里的圈跳过。

① 站在狗狗面前，左手拿着食物放到背后，同时右手把圈放到身体右侧。跟狗狗说"跳"。狗狗完成后，左手从背后给狗狗食物。

口令
跳

② 左手拿圈，从反方向练习跳圈，但要把食物举到身前奖励狗狗（有一个装食物的腰包会十分方便）。

③ 练习连跳。两手都拿着圈，通过头的转动给狗狗发出信号。把左圈靠在腿上，右手拿着圈举到身体一侧。眼睛看着右圈并稍微移动一下，指导狗狗先跳过右圈。完成后，跟狗狗说"真棒"，但不要奖励食物。相反，马上把右圈靠到腿前，把左圈拿到一侧，扭头看着左圈，指导狗狗跳过去。完成这一跳后，奖励食物（这时可以丢掉圈）。

④ 尝试三连跳。第二跳后，调整右圈的角度，将其对着狗狗，方便其第三跳。记住，用头的转向引导狗狗跳过正确的圈。一定要在狗狗跳过左圈后结束练习，因为这个位置能进行眼神交流，发生意外的概率比较小。

训练步骤：

① 把圈举到身体右侧，从背后给狗狗食物。

② 把圈换到左手上，同时右手把食物拿到身前奖励狗狗。

③ 把左圈靠到腿前。

把右圈靠到腿前。

④ 朝狗狗过来的方向调整右圈的角度，让狗狗三连跳。

（待续）

跳双圈（续）

学前准备
跳呼啦圈（→P.125）
有帮助的技能：绕腿步（→P.170）

疑难解答
我的狗狗跳左、右圈时都习惯顺时针跳

跳过右圈后，狗狗应向左侧转身跳左圈，反之亦然。在该情况下，狗狗的尾巴一过右圈，迅速调换圈圈。狗狗慢慢就会明白——要跳过左圈，需要先向左侧转身。

小贴士！ 注意！汽车防冻液对狗狗来说是致命的，即使几滴也不行。狗狗通常会被防冻液甜美的味道吸引。

训练内容：
一边走，一边让狗狗从你手里的圈来回跳过去。

① 这一动作跟**绕腿步**（→P.170）很相似。右手拿着圈竖靠在大腿上，让狗狗从左边开始跳圈。一边迈出右腿，一边跟狗狗说"跳"。

口令
跳

② 迅速把圈传到左手上，左腿向前迈一步，把圈竖靠在大腿上。狗狗朝这个方向跳有困难的话，可以用右手扶住圈（依然靠在大腿上），左手拿食物引诱狗狗跳。持续练习，直到狗狗能在你前行的过程中来回跳圈。

③ 再准备一个圈。让狗狗站在你左侧，左手的圈贴着身子放置，让狗狗只能看到圈的一侧边缘。把右圈举到右腿前，让狗狗跳过去。狗狗跳过去后，变换位置，让右圈靠着身体放置，同时迈出左腿。

④ 最后，保持两个圈平行。一边走，一边先后伸出两个圈圈，让狗狗跳过去。跳过的圈收回靠在后腿外侧，以防狗狗再次从中间跳过。

预期效果： 在训练类似的技能时，你可能会意识到去掉手势后让狗狗领会指令将会变得多么困难！记住，眼神交流仍然是一个强有力的沟通方式——尽量多地使用它。擅长跳呼啦圈的狗狗，几周内就能掌握这个稍加变化的技能。

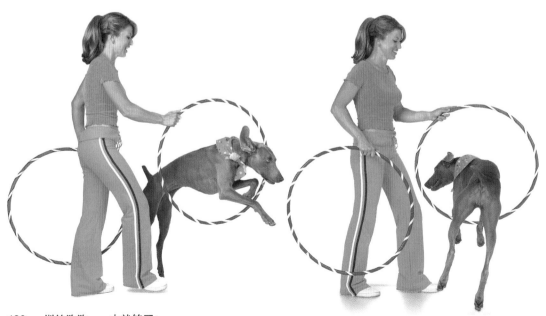

训练步骤：

① 右手拿着圈，竖靠在右腿上。

② 往前迈左腿。左手拿着食物引诱狗狗跳过去。

③ 暂时不用的圈平靠在身前。

调换两个圈的位置。

④ 两个圈要保持平行。跳过的圈收回靠在后腿外侧。

跳背部呼啦圈

训练内容：

这个技能综合了跳呼啦圈与从后背跳过两个动作。

① 找个大一点的圈，让狗狗有足够的空间跳过。首先跳几个呼啦圈热身。

口令

跳

② 单膝跪地，一只手拿圈，另一只手托着圈的底部。逐步让自己的头与肩膀伸进圈内。

③ 双膝跪地，头低下。把圈套到自己胃部的位置，竖直朝上。扭头看狗狗。

④ 抬起一条腿，单膝跪地。双手拿圈，肩膀分开。头保持向下姿势，圈竖直向上。

⑤ 最后，双腿直立，弯身低头，同时圈竖直向上。让圈从头部套过去，同地面保持平行，然后平移到胃部位置。双脚分开，身体保持平衡。双手抓圈两侧，弯身俯视鞋子。

预期效果： 这一技能总会备受称赞。即便是换上小圈，狗狗也能从你后背上跳过。

学前准备

跳呼啦圈（→P.125）

从后背跳过（→P.110）

疑难解答

狗狗碰到了我的脑袋

把头低下。想跟狗狗眼神交流时，头转向一侧。

我的狗狗跳不了那么高

参照步骤④，单膝跪地，降低高度。

狗狗跳到我背上后停住了

这真是个不错的动作！狗狗完成这样的动作时，就练习这个动作吧。下次再训练从背上跳圈。

小贴士！ 用诚实、公平与坚持，鼓励狗狗信任你。

训练步骤:

① 让狗狗从较大的圈跳过。

② 用手臂环抱圈,胳膊离狗狗近点。

③ 把圈平移到胃部位置,回头看狗狗。

④ 逐步抬起一条腿,单膝着地,同时双臂分开抓住圈两侧。

⑤ 把圈从头上套过去,移动到胃部。双脚分开站立。

双手分开,扶住圈两侧。

向下弯身,直到圈竖直向上。

不听话的狗—从圈下爬过

训练内容：

在这个喜剧表演中，在令人印象深刻的开场白之后，你命令狗狗跳过火圈，狗狗却从圈下面爬过去了。

① 把圈固定在狗狗跳不到的高度。狗狗试图跳过去时，小心引导狗狗从圈下走过去。

口令
穿火圈

手势

② 站在圈一侧，让狗狗站在另一侧。抬起脚尖，让狗狗看到你在脚下面放了食物。命令狗**趴下**（→P.16），然后从圈下**匍匐前进**（→P.144）。狗狗靠近你时，抬起脚尖让狗狗吃到食物。你要全程重复使用**趴下**与**匍匐前进**的口令。

③ 逐步降低圈的高度，并引入口令，继续练习。

④ 在表演时，利用**触碰目标**（→P.145），让狗狗回到原位。重复练习几次后，告诉狗狗"可爱的法国波特犬来看表演了"，并给狗狗发出微妙的信号，让狗狗从圈中间跳过去。结局如何呢？

预期效果：你的表演技能对于成功完成该动作非常关键。观众被你的表演技巧所迷惑，但狗狗却从你抬起的脚尖以及穿火圈的口令中获得了暗示——从圈下爬了过去。

学前准备
匍匐前进（→P.144）
触碰目标（→P.145）

疑难解答
我的狗狗从圈里跳过去了
在发出命令前，把狗狗的注意力吸引到你脚下的食物上。

提升训练！ 在学习这个技能的基础上，学习"装蠢"（→P.64）这项技能。

"在马戏团表演时，我很害怕老虎。我知道老虎就在那儿，因为我能闻出它们的气味。"

训练步骤：

① 引诱狗狗从圈下走过。

② 让狗狗看到你把食物放到了脚下。

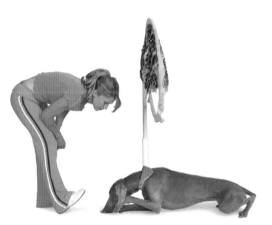

引导狗狗爬过来，直到它够到你脚下的食物。

③ 降低圈的高度。

④ 利用**触碰目标**技能让狗狗回到原位。

使用一些表演技巧，就能让观众对狗狗不
听话的反应开怀大笑。

钻过滚动的圈

训练内容：

这是个消耗体力的有趣技能。让狗狗去追逐草地上滚动的圈，伺机从圈中间钻过。

① 把一个大圈在面前举起来，让狗狗跳过（跳呼啦圈→P.125）。

口令
钻过

② 一边走一边举起圈，让狗狗习惯从运动状态的圈中跳过。

③ 一边往前走，一边把圈向前滚动出去一段距离。用激动的语气跟狗狗说"钻过"。狗狗可能会朝圈跑去，然后又跑回来。交替做两个动作：拿着圈往前走、把圈滚出去。这是学习这一技能最难的地方。因此，一定要保持热情。

④ 下一步该训练你了！用手握住圈底部，把圈举到自己锁骨的位置，保持平衡，然后快而直地扔出，让圈沿着你的胳膊和手腕滚出去。

⑤ 做好准备练习最后一步了吗？多准备几个圈。如果你不是左撇子，让狗狗站在你左侧，右手扔出第一个圈。狗狗一钻过去，马上朝第一个圈顺时针90°方向扔出第二个圈，让狗狗正好能顺着方向直奔第二个圈。这样会降低狗狗钻圈的难度。沿顺时针方向一直扔圈，直到狗狗能沿整个圆周从所有扔出去的圈中间钻过。

预期效果： 有强烈狩猎本能的狗狗会喜欢这一技能。追逐圈本身就是最大奖励，所以无须再给予食物。学得快的狗狗不用几周就能钻过第一个圈。

学前准备
跳呼啦圈（→P.125）

疑难解答
狗狗把圈撞倒了
让狗狗从垂直于圈的角度跑过去。尝试让狗狗沿着圆周多钻几个圈，如步骤⑤中所述。

狗狗对这种训练活动感到恐惧
解决方法是利用狗狗的狩猎本能克服恐惧。狗狗的本能一旦被激发出来，便会与日俱增。

提升训练！ 狗狗掌握本技能后，训练狗狗钻过倒在地上的圈（→P.138）

小贴士！ 放掉灌水圈的水，让圈轻一点，这样当狗狗卡在圈里时，圈的接合部分会容易分离开。

"我从滚动的圈钻过时都闭着眼。"

① 让狗狗从你面前的圈
　钻过。

② 让狗狗习惯从移动的圈钻过。

③ 一边走，一边把圈往前方滚
　动出去。

④ 用手握住圈底部，把圈放
　到锁骨位置，保持平衡。

　　顺着手腕把圈滚动出去。

⑤ 沿顺时针方向逐次把圈滚出去。

钻过倒在地上的圈

学前准备
跳呼啦圈（→P.125）

疑难解答

圈总是从狗狗身上滑落
可以选择草地训练。地面跟圈间的摩擦力变大后，圈就不容易滑落了。

狗狗把圈叼起，而不是从圈内钻过
你的狗狗有些急不可耐，把动作搞混了。如果狗狗叼住了圈，不奖励它，并继续激励狗狗钻过去。

小贴士！ 圈的大小各异，你可以从店里购买灌溉用管和连接件自己动手制作。

"我害怕的东西：愤怒的猫咪、棉花球。一看到棉花球准没好事。"

训练内容：
狗狗自己设法从倒在地上的圈钻过去。狗狗可以自创适合自己的方法。

① 首先，跳几个呼啦圈热热身（跳呼啦圈→P.125）。把圈斜着竖在地上，让狗狗低下头才能钻过去。

口令
钻过

② 然后，把圈倾斜，但不要平放在地上。把圈的前沿抬起一些，给狗狗看一看，表明这是较为熟悉的角度，然后把圈放回去，用"钻过"的口令指导狗狗钻过。希望狗狗能用鼻子拱起上翘的圈，推着圈钻过去。狗狗把鼻子拱进圈，整个身体从圈内钻过后再奖励。

③ 狗狗会逐渐明白哪一种方法更适合自己：挑起圈的前沿或后沿，或者用嘴挑起圈来钻进去。最后，用完全平放到地上的圈练习，这对狗狗来说也不会太难。

预期效果： 这个技能可能比你预想的好学，而且欣赏起来让人印象深刻。每天练习，狗狗不用几周就能掌握。

训练步骤：

① 把呼啦圈位置放低，让狗狗跳几次热热身。

把圈竖在地上，并朝狗的方向倾斜一些。

② 斜着放圈并把圈的一边抬高一些。

③ 狗狗会尝试不同的方法。你看，　　　把圈竖了起来，　　　把脑袋探过去，　　　成功钻过了圈！
　查尔茜抬起了圈的一边，

跳过糊纸的圈

学前准备
跳呼啦圈（→P.125）

疑难解答

可以用报纸代替薄纸吗

报纸比薄纸厚得多，狗狗往里钻时会更犹豫。如果你真的用报纸，中间撕个缝，让狗有个好的开始。

如何把纸固定到绣花圈上？

把绣花圈的两环分开，先分别裹在两个半环上，然后再对上。

小贴士！每节训练课的目的是比前一节完成得更好。

"有时候，我就是想破坏东西！"

训练内容：

狗狗撞破糊纸的圈，一跃而过，让人印象深刻。

① 使用布艺店里卖的24英寸（约61厘米）左右的绣花圈，这样糊纸会比较方便。先练习几次**跳呼啦圈**（→P.125）。绣花圈比普通的圈小且硬，因此，位置要尽量靠近地面。

口令
跳或撞碎

② 在圈的上部裹上几张薄纸，并在中间撕开几条缝，让圈看起来不像个实心板。让狗狗穿过去，培养狗狗的信心。

③ 用一整张纸糊住圈，中间撕个大洞。用食物引诱狗狗穿过。注意：让狗狗走过去要比跳过去容易。狗狗撞破纸时，激动地表扬狗狗。如果还有纸挂在圈上的话，就让狗狗多跳几次。

④ 在圈上糊上一张新纸。这一次，纸上只扎一个小洞；最后纸上只划一条缝。

⑤ 狗狗很快就愿意自己把纸撞破。这个阶段有时候快到让你意外。最后用两张纸完全裹住圈，边缘裹紧，拉展纸面。

预期效果：这一技能会极大地培养狗狗的信心。开始时，狗狗会有些犹疑，但两周内，狗狗就会风风火火地钻过裹纸的圈。

训练步骤：

① 在布艺店买个绣花圈。

② 把薄纸裹在圈边缘，引诱狗狗穿过。

③ 用纸糊住绣花圈，但中间要留一个大洞。

④ 逐渐变为一个小洞，

最后仅留一条缝隙。

⑤ 用两张纸完全糊住绣花圈，边缘裹紧，拉展纸面。

第九章

障碍穿越技能

生活中到处都是障碍，狗狗越早学会如何躲避或越过障碍越好。本章中的障碍穿越技能需要狗狗的逻辑思维能力，对狗狗的体力与脑力都有一定的挑战。刚开始时，狗狗甚至可能对有些障碍发怵。这时，赢得它对你的信任是成功的关键。训练时要耐心、友好，多些鼓励，不要强迫。狗狗起初会犹豫，但一旦成功钻过隧道后，它将会变得信心满满！

狗狗往往比人更热衷于穿越障碍物，同时也更具野性。对狗狗的安全要格外关注。定期进行体检，经常查看狗狗的脚、耳朵和皮毛。检查障碍物是否有钉子、刺，或者其他可能卡住狗狗的东西。

最好在较软的场地进行训练，确保障碍表面的摩擦力足够大。在跳跃时，狗狗应垂直落地，身体大致水平，不能蜷缩着。难度要慢慢加大，因为一次挫败的经历就会影响到已掌握的动作。最后可以几个障碍整合起来，让狗狗一次完成全部挑战！

钻隧道

训练内容：

狗狗穿过笔直或弯曲的隧道。隧道是敏捷运动中几种常见的障碍之一。

口令
隧道

① 让狗狗在熟悉的区域钻过一个短而直的隧道。让狗狗站在隧道一头，你站在另一头，用眼神诱导狗狗走向你。当狗狗想从隧道外绕过来时，让一位朋友领着它，引导它进入隧道。在出口用食物奖励狗狗。

② 狗狗顺利完成后，跟它一起站在隧道入口，发出"隧道"的口令，然后指引它进入隧道。跑着进入隧道有助于完成这项技能。当狗狗在隧道里跑的时候，你要在外面跑，鼓励它，让它听到你在哪里。狗狗出现在另一头后，继续跟它再跑一小段路，让狗狗迅速跑出隧道。

③ 弄弯隧道。狗狗在隧道内可能会作U形转向，然后从入口出来。密切关注狗狗，直到你确定它完成任务了。

预期效果： 大部分狗狗都喜欢钻隧道。习惯了以后，狗狗一有机会就会钻！自信的狗狗第一天就能穿过隧道，但害羞的狗狗则需要较长的时间。

疑难解答

能把食物放进隧道吗？

目标是让狗狗快速穿过隧道。如果里面放着食物，狗狗会养成中途停留的坏习惯。

我的狗狗害怕进入隧道

不要让狗狗表面上的恐惧改变你的行为。直面问题，让狗狗穿过隧道。这样狗狗才有可能变得越来越自信！

小贴士！ 你太高了！蹲下来，与狗狗高度一致，这样才能更好地沟通。

① 在隧道的另一头引诱狗狗。

② 在入口处指引狗狗进入隧道。

③ 跑步进入隧道有助于狗狗钻过弯曲的隧道。

匍匐前进

训练内容：

狗狗肚皮贴着地，匍匐前进。

① 狗狗更喜欢在草地或地毯上爬行。让狗狗在你面前趴下（→P.16）。跪在狗狗前面大约18英寸（约46厘米）的位置，让狗狗看到你手里藏着的食物。

② 把食物慢慢往远离狗的方向移动，同时拖着长音告诉狗狗"匍匐前进"。为了拿到食物，狗狗会用前爪向前爬行一两步。如果狗狗仍然能够保持趴下姿势的话，用食物奖励它。

口令
匍匐前进

手势

③ 狗狗能跟着食物匍匐前进之后，站在狗狗前面几英尺的地方，让狗狗看到你脚底下的食物。狗狗走向你时，交替发出**匍匐前进**和趴下的口令。之后，抬起脚尖的动作将成为狗狗匍匐前进的信号，并把它的注意力保持到地面上。

预期效果： 很多狗狗在第一次训练中就能学会匍匐前进，但过渡到使用口令和脚的信号，通常还需要几周时间。

学前准备
趴下（→P.16）

疑难解答
我的狗狗经常站起来
你把食物移动得太快了。

我的狗狗趴着不动
狗狗可能以为移动会受到责备。因此，要保持活力和热情。

狗狗还没完全趴下就已经开始匍匐前进了！
既然狗狗已经知道这个口令，告诉狗狗"停止爬行"，阻止它的这种行为。

提升训练！用这个技能表演不听话的狗狗（→P.134）。

① 让狗狗趴下，看到你手里的食物。

② 狗狗匍匐向前时，把食物往后移动。

③ 把食物放到脚下，以保持狗狗对地面的注意力。

触碰目标

训练内容：

狗狗会触碰认定为目标的物品。这个技能在技能训练、宠物运动以及拍电影中都有广泛的用途。

1 选一个空旷的场地，并在离你6～10英尺（约1.8～3米）远的位置设置一个目标物。

口令
目标

目标物可以是圆锥状的路障其他独特的东西，只要狗狗不会把它放进嘴里就行。把食物放在目标物上，让狗狗看到。跟狗狗说"曲奇"或者它能理解为"食物"的单词，吸引狗狗的注意力。

2 回到狗狗所在位置。一边指着目标物，一边跟狗狗说"目标"。让狗狗跑向目标物，吃掉上面的食物。

3 成功几次后，不再在目标物上放食物，再次发出"目标"的口令。狗狗触碰到目标物时，马上表扬并拿手里的食物奖励它。

预期效果： 每天重复练习十次，狗狗一周内就能穿过房间找到你设定的目标物！

1 把食物放在目标物上。

2 放开狗狗去吃食物。

3 让狗狗跑向目标物，狗狗触碰时奖励。

疑难解答

狗狗应该用鼻子还是爪子来触碰目标物？

训练时都可以。但是，当你的目标物越来越小时，狗狗会发现用爪子触碰更容易，于是狗狗自己也会逐渐过渡到用爪子触碰。

提升训练！ 在电影里，利用这个技能可以使狗狗停留在某个标记的位置。用一张纸作为目标物，并逐步减小纸张的大小，直到用便条纸作为目标物。

小贴士！ 用双重命令训练狗狗。比如，"目标——坐下"指的是跑到目标物旁边坐下。

"我在公园给其他狗狗上技能课程。我向它们展示如何表演拿手好戏。"

从上面跳过／从下面钻过

训练内容：

狗狗从任一物体的上面跳过或下面钻过。

① 设置一个跳杆或者跟狗狗背部同高的障碍物。狗狗已经学会了**跳杆**（→P.108），因此它会以为还是做这个动作，但我们从训练"从下面钻过"开始。让狗狗站在跳杆的一侧，把食物举到离地面很近的位置，引诱狗狗从下面钻过来。在这一过程里，反复使用口令"下，下"。

口令
上
下

② 观察狗狗的肢体语言，为防止狗狗从杆上跳过，用手挡住它或者抓着它的颈圈。

③ 把杆的高度降低，让狗狗必须弯身或者爬行才能从下面过去。狗狗从上面跳过时，小心地绕过障碍物送它回原位，而不是让它再从上面跳回去。

④ 现在尝试用其他物体来训练，比如你伸出去的腿。

⑤ 交替使用"下"和"上"口令，巩固狗狗对其差异的认识。

预期效果：狗狗在等你发指令时，会一直浮想联翩。由于心情过于急迫，所以狗狗可能不会认真听，因此，让狗狗全神贯注、持续正确完成这个技能可能需要一个月的时间。

学前准备

跳杆（→P.108）

疑难解答

狗狗要参加敏捷性比赛，我可以不教这个动作吗？

狗狗都很聪明，很容易把行为同具体环境结合。另外，你可以用跳杆之外的其他设施训练这个技能。

狗狗从杆下爬过时碰到了杆

有些狗狗会耍花招。换比较重一点的物体，比如桌子和椅子，应该会奏效。

提升训练！到"地狱模式"时间了！狗狗掌握了从障碍物下面钻过的技能后，看看它究竟能钻过多矮的物体！

小贴士！考虑到狗狗的本能，训练中以从下面钻过的动作为主。

训练步骤：

① 设置一个跳杆，横杆高度同狗狗背部相当。引导狗狗从杆下钻过。

② 挡住上部，不让狗狗从杆上跳过。

③ 降低横杆的高度。

④ 尝试用其他物体训练，比如你伸出去的腿。

走跷跷板

疑难解答
我的狗狗害怕走跷跷板
先易后难。可以先把木板平放在地上，让狗狗在上面走过。然后，在木板下面的中间位置放一支铅笔或者一块砖，让木板两端微微有点起伏即可。

提升训练！ 尝试敏捷性训练的其他障碍，比如钻隧道（→P.143）和绕杆（→P.150）。

小贴士！ 从罐装奶酪制品中挤出一段做奖励食物，这样不易从跷跷板上滑落。

"我的耳朵向后翻时，主人说我像是戴上了派对帽。"

训练内容：

在敏捷性运动中，跷跷板是一个在受力不均衡时两端交替上下的障碍物。狗狗从整个木板走过去，到中间点要保持平衡。

① 沿着木板放几块食物，让狗狗看到。

口令
走跷跷板

② 让朋友扶住木板翘起的一端，防止木板突然移动。拉住狗狗的项圈，慢慢引导狗狗从着地的一端朝第一块食物走去。

③ 随着狗狗不断向前移动，狗狗的体重能在某一位置使木板保持平衡。在这个位置放一块食物，以放慢狗狗的速度。到达支点时，让你的朋友稳稳扶着木板缓慢向下移动。抓紧狗狗的颈圈引领它向前走。不想让狗狗从木板上跳下来的话，在狗狗害怕的时候要把它从木板上抱起来。多多表扬，并鼓励狗狗越过这个新的移动障碍，千万不要强迫狗狗，那样会加重它已有的恐惧。

④ 一旦狗狗对走跷跷板有了信心，朋友可以让木板更自然地起落，但要在落地前扶住木板，以防出现"嘭"的着地声。

⑤ 让你的狗尝试自己走跷跷板，你在旁边同行，不要碰它。狗狗走到另一端后，奖励它。

⑥ 在敏捷性运动中，出于安全考虑，狗狗不应跑得太快，以免在木板触地前狗狗飞出去。使用"等等"口令或者"触碰目标"（→P.145）口令让狗狗停在另一端。

预期效果： 大部分狗狗第一次走跷跷板都有点胆怯，但表扬和奖励能让它们快速战胜恐惧！不要硬来——明天又是新的一天，狗狗可能会对跷跷板有不同的感受。

训练步骤：

① 沿着木板放几块食物。

② 拉着狗狗的项圈，引导它走向第一块食物。

③ 狗狗走到支点时，要控制好狗狗和木板。

④ 在另一端触地前扶住木板。

⑤ 让狗狗自己走跷跷板，你在一旁和它一起向前走。狗狗走到另一端后奖励它。

⑥ 训练狗狗走到跷跷板另一端尽头时触碰目标物。

绕杆

训练内容：

作为敏捷性运动中的一种障碍训练，绕杆要求狗狗在数个直杆中间绕进绕出。第一根杆通常在狗狗的左肩侧，第二根杆则在它的右肩侧，以此类推。

口令
绕杆

① 刚开始训练时让狗狗绕两个杆（塑料PVC杆可以插进草地）。让狗狗站在你左边，发出口令，引导它到两杆之间，然后奖励它。

② 站在跟杆平行的位置，并让狗狗站在你的左侧、杆位于狗狗左侧。引导狗狗从两杆之间穿过。向前迈一步，狗狗穿过第二个杆时奖励它。

③ 让狗狗从很多杆之间绕进绕出；用食物引诱狗狗，通过拉着项圈或牵引带，或者用手引导它穿过。

④ 让狗狗站在你身后几英尺处，第一个杆左侧。向前走，用手做"推"（远离你）、"拉"（接近你）手势，让它完成绕进绕出动作。

预期效果： 牧羊犬通常学得很快，几个月内就可以自己绕杆了。其他品种的狗一般需要6个月到1年的时间。

训练步骤：

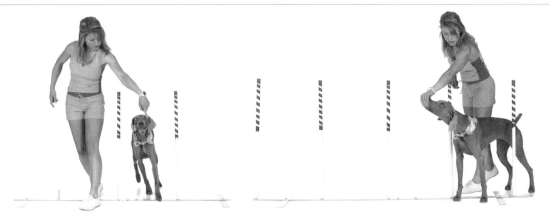

① 引导狗狗走过两杆之间，先从左侧绕
　过第一个杆。

② 引导狗狗走到杆的左边，绕过第二个杆
　时奖励。

③ 用食物、牵引带或者你的手，引导狗
　狗从多个杆之间迂回绕过。

④ 跟狗狗一起走，通过用手作出"推"和"拉"的手势，让狗狗从杆中间绕过。

爬梯子

疑难解答

狗狗上去后怎么下来?

不管狗狗的运动能力如何,你都应该把狗狗抱回地面,而不是让它自己跳下来,因为扭伤或者缠绕到横杆中会给狗狗造成伤害。

应该用什么样的梯子?

标准6英尺(约1.8米)漆匠用的梯子适合大多数狗狗。

提升训练! 教狗狗取物(→P.24),让狗狗从梯子最高处取物。

小贴士! 视线不要离开狗狗,每次只上一步。

训练内容:

狗狗交替用前腿和后腿一阶一阶地爬上梯子。

1. 找一把结实的梯子,用防滑面把横杆包上。用食物引诱狗狗把前爪放在较低的一个横杆上。不要触碰或者限制狗狗,这样它会感到自己有一条退路。把食物举高,鼓励狗狗把前爪放到更高的横杆上。

口令
爬

2. 继续引诱狗狗把头抬高,用你的另一只手诱导狗狗把后爪放在第一个横杆上。

3. 现在,狗狗处在一个可能会发生危险的位置。帮助狗狗把身体稳住。把食物举得再高点,让狗狗自己放前爪。每个环节只练习5分钟,中间让狗狗休息。

4. 狗狗适应了爬梯子后,把食物放在梯子顶部,鼓励它快速登高!

预期效果: 爬梯子不仅需要协调能力与力量,还需要自信。失足的经历会让狗狗感到恐惧而退缩。因此需要慢慢来。

训练步骤：

① 引诱狗狗把前爪放在横杆上。

② 继续引诱狗狗向上，同时把它的后爪抬起来。

③ 把食物举高时护住它的身体。

④ 把食物放在梯子最顶端作为奖励。

滚桶

小贴士！ 用不断变化的食物的数量、种类以及间隔时间，激发狗狗的动力。有时是一块金鱼脆饼，有时是一大把食物，有时什么也没有。

训练内容：

练习滚桶的形式多种多样：前爪滚桶、后爪滚桶或者四爪滚桶，以及向前滚桶与向后滚桶。

用前爪滚桶：

口令
滚

① 让狗狗站在你旁边，让桶保持不动，用食物引诱狗狗抬起上身。狗狗把前爪放到桶上时奖励。

② 站到桶的另一侧重复上面步骤。

③ 开始滚动圆桶。草坪能防止圆桶滚得过快，同时保证狗狗能软着陆，因此是最适合练习的场所。把你的腿伸展开，把脚放在桶上。狗狗把前爪放在桶上后，用食物引诱它脑袋向前。通过收腿，使桶向你这边滚动。如果狗狗向后移动爪子，表扬并奖励它。

④ 狗狗有进步后，时不时用你的脚滚动圆桶。滚动一点，引导它向前，直到它自己滚桶。在这一点上，狗狗必须理解一个较难的概念——前爪向前推时，后爪要向前走！

⑤ 狗狗停止滚桶的话，用你的脚轻拍狗狗的爪子，鼓励狗狗把前爪向后移动。然后，表扬并奖励狗狗。

训练步骤:

① 引导狗狗把前爪放上去。

② 站在滚桶另一侧练习。

③ 通过收腿，使桶向你这边滚动，

引导狗狗把头向前伸，

完成后奖励。

（待续）

滚桶（续）

小贴士！ 这个动作训练的是身体意识——对任何狗狗都很重要。

站在桶上滚：

① 让狗狗站在桶的对面，用你的脚抵住桶，并引导狗狗跳上去。狗狗跳上去时准备好去扶住它。让狗狗从你手中吃食物，但你的手要保持稳定，因为狗狗可能会扶你的手来保持平衡。尝试让狗狗尽量在桶上待的时间长一些。

② 用脚把桶滚出去6英寸（约15厘米）左右。准备好用手或者身体挡住狗狗，防止它跳下来。桶滚动时只要狗狗向前迈步，就表扬并奖励它。

③ 偶尔滚动圆桶，直到狗狗能站在上面自己滚动桶！

预期效果： 这不是狗狗花一个周末就能学会的技巧。学会用前爪滚动圆桶需要20节训练课，而跳上去找到平衡则需要几个月的时间。有些品种的狗狗完成得比较好，但腿长和头较大的狗狗需要更长的时间。

训练步骤：

① 用脚固定住圆桶，并引导狗狗跳上去。

狗狗跳上去后，让狗狗咬一口食物。

② 向远离你的方向滚动圆桶，同时准备
好阻止狗狗跳下来。

③ 通过训练，狗狗学会了滚桶！

第十章

看，那只狗会跳舞！

活泼好动的主人总会拥有活泼好动的狗狗。如果你发现狗狗发福了，那么是时候锻炼锻炼了——你们俩一起来！

能够组合成不同舞步的自由步运动让本章中的技巧广受欢迎。跟着精心设计的音乐，你跟狗狗同步完成旋转、踢腿以及其他舞步。这是与狗狗建立团队协作的好方法，并且发展基于相互依赖的亲密关系。

眼神交流是同步表演的关键。嘴里含点奶酪，需要时可以吐出作为奖励，以鼓励狗狗保持注意力。

不要低估表演的重要性。加上一点音乐，就能把一系列单调的动作变成一场生动的表演！

前后随行

训练内容：

狗狗在你左侧跟着你走。进行服从训练时，你一停下，狗狗跟着坐下。跳自由步要求狗狗的脚跟要灵活起来，同时更加关注眼神交流和步法。

跟着走：

① 轻拉牵引带，让狗狗来到你左侧。先说出"跟着走"的口令，再迈出左脚，这一步会成为狗狗跟你走的信号。一定要在迈步之前发出口令。

② 定期对狗狗的努力给予奖励。一定要在狗狗完成正确动作时奖励——狗狗的肩膀与你的左腿看齐。

③ 准备停下脚步时，放慢步伐。左脚停步，右脚往前与左脚并齐。向上拉牵引带，跟狗狗说坐下（→P.15）。

口令
跟着走
向后走
手势

向后走：

① 换一条短点的牵引带，把狗狗拉到你左侧。一边发出"向后走"的口令，一边用右脚轻拍它的胸部。狗狗即使只后退一步也要奖励。奖励时，食物不要离狗狗太远，以免狗狗又向前迈步。沿着墙练习能让狗狗直线后退。

预期效果： 在服从训练中，在使用牵引带的情况下，大多数狗狗能在八个星期内在被拉着很好地完成这个动作。跟着走简直是一种艺术形式，总是能显得更优雅！

学前准备
坐下（→P.15）

疑难解答

我的狗狗跟不上

拍自己的腿，并兴奋地鼓励狗狗，或者突然慢跑起来。

我的狗狗老是向前拉着我走

猛拉牵引带，随后放松。这会让狗狗迅速回到原位。表扬狗狗"后退得好"。

提升训练！ 继续练习，直到松开牵引带后狗狗也能自己跟着走！

小贴士！ 狗狗懂得越多，学起来越容易！

跟着走：

向后走：

① 发出"跟着走"的口令，同时迈出左脚。

③ 停步时说出"坐下"口令。

① 用你的右脚向后轻拍狗狗。

退着走

训练内容：

狗狗沿直线倒退，逐渐远离你。

① 站在狗狗面前，把食物攥在手里，举到狗狗鼻子前。一边往前走，一边轻按狗狗的鼻子，并发出"后退"的口令。狗狗退几步后，表扬并奖励食物。如果狗狗往一侧扭动，用你的脚给狗狗指引方向，或者设计一条只能前后走的小道。

口令
后退
手势

② 狗狗熟悉之后，慢慢去掉轻按狗狗鼻子的动作。改成一边向狗狗走，一边抬起膝盖轻触狗狗的胸部。发出让狗狗后退的手势。

③ 训练一段时间后，逐渐开始使用原地踏步的方式，但同时仍抬起膝盖给狗狗施加向后退的压力。狗狗后退着走了以后，走上前给狗狗奖励，或者把食物扔给它，不要叫狗狗再走过来吃食物。

预期效果： 一周后，狗狗在食物的引诱下就能退着走。再有几周，即使你站着不动，狗狗自己也能往后退着走。

疑难解答
我的狗狗总低着头
你可能把食物拿得太低了。不要比狗狗的鼻子还低。

我的狗狗坐下了
食物举得太高会导致狗狗抬头并坐下。用膝盖触碰狗狗让它向后走。

小贴士！ 手势比口令更有效。注意你的手势。

① 用食物按压狗狗的鼻子。

② 一边向前走，一边抬起膝盖触碰狗狗的胸部。

③ 小步向前走，甚至原地踏步的方式，但仍继续抬起膝盖。

转圈

疑难解答

我的狗狗转半圈就停了

手伸得太向前或者太早会导致旋转提前中止。开始时，手离自己肚子近点，先移动到身体一侧，然后再向前伸出去。

我的狗狗只会朝一个方向旋转，不会向反方向旋转

反思自己的动作，保证你的旋转方向跟狗狗相反。

我的狗狗旋转完圈后，马上从反方向转回来

发出第一次旋转手势后，一定要把手收回来。如果手还在身前交叉，狗狗会误以为你让它再转一圈。

提升训练！训练向后转——狗狗在你身后跟着走（→P.160）时，一边跟狗狗说"向右旋转"，一边自己向左转身180度。然后反方向继续学习跟着走。

"我喜欢去宠物店，因为我能在货架上找到很多喜欢的东西。"

训练内容：

狗狗向左或向右旋转一圈。

向左旋转：

① 首先让狗狗站在你面前。右手拿着食物，在身体右侧沿逆时针画圆。一边画圈，一边慢慢引诱狗狗，并跟它说"向左旋转"。狗狗完成旋转后，给它食物。

② 狗狗有进步时，逐步弱化手势为转动手腕。

③ 增加点活力——如果你模仿狗狗的动作，那狗狗会倍加兴奋。狗狗旋转时，把你右脚伸到左脚前，以脚趾为中心旋转，直到你自己转完一圈（你认为狗狗会同时自己完成旋转动作）。

预期效果：每天练习10次，狗狗一周内就能轻松跟着你的手势完成动作。一个月内，狗狗就能按照指令完成旋转动作。

口令
向左旋转（逆时针方向）
向右旋转（顺时针方向）

手势

训练步骤:

向左旋转

① 右手藏着食物。

手拿着食物在身体右侧画圈,让狗狗跟着做旋转动作。

旋转完成后,给狗狗食物。

③ 跟狗狗一起旋转,增加活力。

鞠躬答谢

我的狗狗没有鞠躬，而是坐下了

食物举得太高了。在鼻子的高度开始，朝狗狗后脚的方向按压鼻子。

我的狗狗趴下了

早点给狗狗食物。你可能需要在狗狗前腿肘部触地前给狗狗食物。如果这还不行，把脚伸到狗狗的肚子下面。

提升训练！ 狗狗掌握了鞠躬答谢后，利用类似的动作学习祷告（→P.42）。

小贴士！ 给你的狗狗做个耳部按摩，里面、外面都要按摩。汪！

训练内容：

狗狗后腿直立，前腿肘部着地，鞠躬答谢。

① 让狗狗站在你面前。手里攥着食物，举到狗狗鼻子前。

② 用手轻触狗狗鼻子并向下按，同时发出"鞠躬"的口令。

③ 狗狗前腿肘部一着地，给狗狗食物奖励，并把手收回来。

口令
鞠躬或屈膝

手势

预期效果： 每天反复练习6~10次。记住，在狗狗意犹未尽时结束。1~2周后，当你用食物轻轻按压狗狗鼻子时，狗狗就能轻松地鞠躬行礼了。逐步减弱你触碰狗狗鼻子的力度，不久，狗狗就能自己鞠躬了。谢谢！非常感谢！

"我只做屈膝礼，因为我是女士。"

训练步骤:

① 把食物举到狗狗鼻子处。

② 向下按压狗狗鼻子。

③ 狗狗的前腿肘部着地后,马上把食物给狗狗。

绕到左侧坐下

训练内容：

狗狗绕到你后面，最后在你左侧坐下。这个动作可以作为**跟着走**的起点，也可以作为服从测试的结束。

① 右手拿着牵引带，站在狗狗面前。

② 发出"左侧"口令，同时右脚往后退一步，拉着狗狗从你身体右后绕到左侧。整个过程，左脚要保持不动。

③ 换左手拿牵引带，同时右脚收回，把狗狗拉到身体左侧。

④ 向上拉牵引带，命令狗狗坐下（→P.15）。狗狗完成后，表扬并奖励狗狗。

口令
左侧
手势

预期效果： 狗狗在服从训练中表演这个动作会给人留下深刻印象。最终，双脚都要保持不动，松开牵引带，给狗狗指令，狗狗就能从你身后绕过在你左侧坐下。

学前准备
坐下（→P.15）

疑难解答

我的狗狗走起来慢吞吞地
狗狗从你身后走过时，向前再迈一二步，并告诉狗狗"快点"！

我觉得是我拉着狗狗完成这个动作的
你要创造条件，让狗狗自己完成动作。起初，要你拉着它走，但它的肌肉记忆会逐步发挥作用。

小贴士！ 大概需要重复练习100次，狗狗才能学会这个新动作。保持耐心！

训练步骤：

② 右手拿着牵引带，右脚向后退一步。

③ 把牵引带换到左手上。

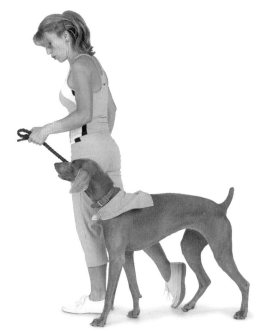

右脚收回，同时把狗拉到你身体左侧。

④ 一边向上拉牵引带，一边命令狗狗坐下。

靠边（在我左侧旋转）

学前准备
坐下（→P.15）

疑难解答

我的狗狗坐在了我前面或后面很远的位置

你会惊讶于你身体的位置对狗狗的动作能产生多大的影响。左肩位置的轻微调整就能让狗狗向前或向后。

我的狗狗坐下后总耷拉着腰

狗狗坐下后，敲打它腰部左侧，让它挺直腰板。

小贴士！协调、前后一致是成功的关键。让狗狗先单独练习动作。

训练内容：

狗狗站在你面前，以前爪为轴转小圈，最后坐在你左侧。

① 站在狗狗面前，左手握着牵引带。

② 跟狗狗说"靠边"，同时左脚向后迈，把狗向你左侧牵引，同你身体拉开点距离。整个过程，你的右脚保持不动。

③ 让狗狗顺时针转，脑袋转到你左脚先前所在的位置。

④ 左脚收回，让狗狗在你一侧坐下。狗狗坐下后奖励狗狗。

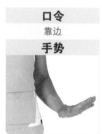

口令
靠边

手势

预期效果：通过练习，即使你站着不动，没有系牵引带的狗狗也能在你左侧先旋转后坐下。精力充沛的狗狗会尝试蹦着到达指定位置。

② 左脚向后迈一步，同时牵着狗向后退，并让狗狗稍微离开你的身体。

③ 让狗狗顺时针旋转。

④ 左腿向前迈，同右腿看齐。

让狗狗坐下。

绕腿步

提升训练！ 狗狗掌握了绕腿步后，利用类似的动作学习8字步（→P.172）。

小贴士！ 总是从右脚开始练习。先迈出左脚是让狗狗**跟着走**的信号。

"周末我要做的事太多了！"

训练内容：

走路时，狗狗从你腿间来回穿过。这个技能需要良好的动作协调能力。

① 首先，让狗狗在你左侧坐下或站着。两只手里都拿几块小食物。

② 右脚往前迈一大步。一边发出口令，一边把右手放到腿间。狗狗钻到你腿间时，从右手拿食物奖励狗狗。

③ 左脚向前一步。一边发出口令，一边把左手放到腿间。狗狗的鼻子碰到你左手时，再次用食物奖励。

④ 重复以上步骤。

口令
绕腿
手势

预期效果： 每节课练习5分钟，每天1~2节。两周后，狗狗就能根据你的手势顺利地执行指令，你可以成功绕腿几次后再给食物。继续练习，直到不需要用手势引导为止。

训练步骤：

① 让狗狗站在你左侧。

② 右脚迈出，右手放到腿间。

引导狗狗从你腿间钻过。

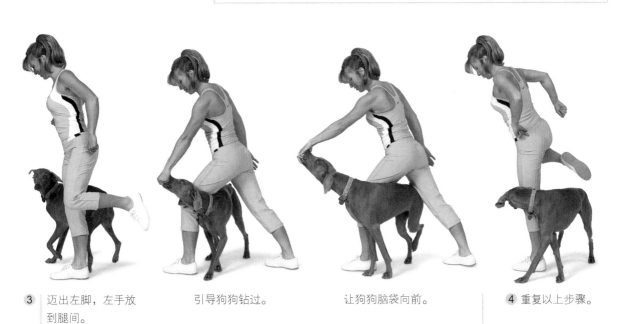

③ 迈出左脚，左手放到腿间。

引导狗狗钻过。

让狗狗脑袋向前。

④ 重复以上步骤。

8字步

学前准备
绕腿步（→P.170）

疑难解答
狗狗怎么从我腿间穿过？
因为8字步是从**绕腿步**变化而来，所以狗狗总是先从你左边穿过你腿间，从前到后，然后再围着右腿先转圈。狗狗总是从前往后穿过你的腿间。

提升训练！ 先让狗狗做几次8字步，然后等狗狗围着你右腿转圈后，合拢双腿，用手给狗狗指令，让狗狗做**转圈**（→P.162）动作。这将是多么美妙的舞步！

小贴士！ 8字步是很不错的常规伸展与热身动作，有助于防止训练前受伤。

"我家有一只叫JoJo的猫咪。你在角落转圈时它会袭击你，所以你得提防它。"

训练内容：

双腿分开站立时，狗狗从你腿间做8字步绕腿动作。

① 练习**绕腿步**（→P.170）热身。

② 接着练习绕腿步，这次迈步迈得宽些，但往前迈得幅度减小。继续使用"绕腿"的口令。

口令
穿过

手势

③ 双腿分开，在原地踏步。抬起一只脚，对狗狗说"绕腿"。想象着用牵引带拉着，或者引导狗狗从前往后穿过你的腿。

④ 狗狗从你腿间穿过时，双脚保持不动，向两侧做弓箭步。狗狗穿过你腿间准备绕你右腿时，把左腿弯曲，右手引导它穿过你腿间到达右腿。现在该挑战下你的"穿过"口令了。奖励食物前，让狗狗一次作几个8字步动作。狗狗一完成动作就给食物，不要等到狗狗停止后再给。

预期效果： 扎实掌握了**绕腿步**后，狗狗可以在短短几天内就学会走8字步。随着训练的继续，你甚至不用弓箭步，不用再给手势。只要把手放到胯间，狗狗就知道怎么做了。

训练步骤：

① 练习绕腿步。

② 向前迈步要小，左右跨度要大。

③ 开脚站立，两只脚原地交替抬起。

④ 双脚定住，引导狗狗从前往后钻过你腿间。

双手放胯间站好，狗狗在你腿间做8字步动作。

太空步

训练内容：

做这个动作时，狗狗趴在地上向后退。

① 狗狗面对着你趴在地上（趴下→P.16）。站在狗狗面前，一边用膝盖推狗狗，一边给狗狗"后退"的口令，类似你教狗狗退着走（→P.161）的方式。狗狗可能会起身，此时用手按住它的肩膀，让它趴着别动。狗狗向后退着走时，奖励它。

口令
趴下，后退
手势

② 身体站直一些，减少你膝盖的动作。继续扶着狗狗肩膀。狗狗想起身时按住它。

③ 站好后发出口令与手势。狗狗起身时，发出"趴下"与"后退"口令。交替重复使用这些口令。

预期效果： 擅长退着走的狗狗数周内就能学会这一可爱的舞蹈动作。狗狗总是想起身，因此要时刻注意狗狗的姿态变化。

学前准备
趴下（→P.16）
退着走（→P.161）

疑难解答
我的狗狗不往后走
第一次教太空步时，按着狗狗的肩膀不让它起来。不要使用"趴下"口令，因为这会让狗狗误认为你不想让它移动。

小贴士！ 狗狗吃药时，一勺花生酱能有助于送服药片。

① 一边用手按住狗狗的肩膀，一边用膝盖迫使狗狗向后退。

② 减少膝盖的动作，同时继续按着它的肩膀。

③ 原地站好不动，给狗狗发出指令。

雀跃

训练内容：

狗狗喜极而跳时，笔直跃起，然后落到原地。把全部的热情都投入到这个动作中，跟狗狗一起跳！

1. 狗狗想玩时，把玩具或食物举到空中，逗它。跟狗狗一起跳，以鼓励它！不管狗狗跳多高，都要奖励。

2. 狗狗学会跟你一块起跳后，你的跳跃动作的幅度变小一点，改成下蹲再站起，但要使用相同的口令与手势。

3. 最后，只要收到指令，狗狗便会欢欣雀跃。注意：虽然此时你不需要再做动作，但你的热情仍然很关键。

口令
跳
手势

预期效果：有些狗狗，如梗类犬、澳洲牧羊犬、惠比特犬等天生弹跳能力就好，而其他品种的狗狗则需要更多的鼓励。

① 鼓励跳起来够玩具。

② 降低你跳起的高度。　③ 狗狗在收到指令后雀跃。

疑难解答
我的狗狗懒得跳
作为驯狗师，你的职责是要为狗狗提供指导与激励。让你的双腿充满活力，跟狗狗一起跳，用最快乐的语调让狗狗兴奋起来。

提升训练！这是学习跳绳（→P.118）的第一步。

小贴士！在草地或有弹性的地面练习。理想的跳跃应该是笔直而流畅。

合作直踢腿

"有时候，我跳舞时戴着闪亮的护腕。不过，不想戴时，我会脱掉它们。"

学前准备
骑大马（→P.52）
握手（→P.22）

疑难解答
狗狗从我腿间穿出来，不再让我"骑大马"了

狗狗可能想看你的脸。因此，把头低下，让它看到你。如果狗狗还往前走，用手挡住它，提醒它说"骑大马"。

我的狗狗只是站在那里，爪子不动

有时候，需要重复几次才能让狗狗动起来。尝试几次"左手、右手、左手、右手"。举起一只爪时，狗狗的重心会落到另外一只爪，鼓励狗狗两只爪子交替举起。

小贴士！ 放一首最爱的歌曲，跟狗狗一起起舞。

训练内容：
狗狗站在你腿间，前腿跟着你做高踢腿的动作。

① 从骑大马（→P.52）开始。跟狗狗说握手（→P.22），同时伸出左手。狗狗看到食物，鼻子就会凑上去，因此，手里不要拿食物。把食物放到腰间食物袋。右手发出信号时，重复练习右手。

② 做踢腿动作，增强效果。最终，两根手指弹胯间会成为让狗狗踢腿的指令，而不是用踢腿作指令。

③ 变化姿势：让狗狗站在你面前或者一侧，继续练习本动作。

口令
握手，伸爪

手势

预期效果： 这一花哨的动作广受欢迎，任何狗狗都能学会。几周内，狗狗在收到指令后就能举起爪子，但要与你协调一致则需要更长时间。踢腿会分散观众的注意力，让他们注意不到你的微妙手势指令。

训练步骤：

① 从骑大马的动作开始。

把左手伸向狗狗，并跟它说
"握手"。

把右手伸向狗狗，并跟它说"伸爪"。

③ 变化姿势：可以让狗狗站在你面前练习本动作，

或者让狗狗站在你的侧面练习。

第十一章

思 维 训 练

动物智力一直是个有争议的话题。但谈到狗，养狗的人都会说它们的聪慧会让你惊讶。与人类一样，狗的头脑也是越用越灵。狗狗的理解、逻辑与推理能力用得越多，它们掌握新概念的速度就越快。

本章中的技能训练有两点共性：第一，要求狗狗具备较高的思维能力。第二，成功与否取决于主人与狗之间能否有效沟通。在本章的技能训练中，狗狗并非仅仅按要求去做某个动作，而是在基于充分沟通的基础上去做。狗狗也不再是简单地去找回一样物品，而是需要根据味道、按照手势或口令去找回一件与众不同的物品。

这些复杂的概念会让狗的脑力面临挑战。因此，对狗狗的表扬要十倍于消极回应。要知道，消极回应容易让狗狗气馁，甚至失望。即使狗狗已经理解了这些概念，偶尔还是会犯错。比如，狗狗可能挑不出味道不同的东西，或者故意跑着追碰碰车去了。不要责怪，就当狗狗没有犯错吧。毕竟，学习是一辈子的事，不能一蹴而就，而本章的这些技能训练将有助于狗狗一生都保持敏捷的思维！

数数

学前准备
应声作答（→P.30）

疑难解答

怎样的叫声算数？
声音应该清楚可数。给狗狗口令时，声音要清脆。叫得不好不要奖励。

我的狗狗叫个不停
爱叫的狗狗需要你在停止前移开目光，以便及时阻止它。

提升训练！ 将本动作加以变化，让狗狗通过用爪子敲打地面回答算术题。

小贴士！ 沟通是双向的。努力去了解狗狗的肢体语言。

训练内容：

学会这一经典的拿手好戏后，狗狗可以通过叫声给出算术题答案。狗狗的天赋取决于你给狗狗信号的微妙程度。狗狗收到口令后开始叫，直到你给出新的指令。当然前提是你自己得会算术题！

① 首先，狗狗要学会连叫。给狗狗信号让它叫（应声作答→P.30），狗狗叫两声后再给信号。狗狗叫时，跟它保持眼神交流。狗狗叫第二声时，奖励它。

② 下一步，狗狗要学会理解停止叫声的信号。信号就是你巧妙地移开目光。狗狗叫第二声时，低下头，移开目光，并说"停"。狗狗收声后马上奖励。

③ 增加狗狗叫的次数，并逐步弱化手势。发出让狗狗吠叫的信号，直到你低下头移开目光，它就停止。

④ 剩下的就靠你了。你还可以提问除法算数题，或者让狗狗叫一声或两声。一声代表yes，两声代表no。狗狗还能说出自己的年龄（当然，如果观众有足够的耐心，还可以让狗狗说出你的年纪）。

预期效果： 狗狗很善于察言观色。注意动作与信号的一致性。给观众表演时，需要注意狗狗在陌生环境容易犹豫而不愿意叫的情况。

口令
叫，停
手势

训练步骤：

① 发出让狗狗叫的手势并在叫第二声后奖励它。

② 放下手，低下头，低垂目光，并对狗狗说"停"。

狗狗停止叫声后奖励。

④ 给狗狗出算数题目，让狗狗通过叫声给出答案。

记物名

学前准备
有帮助的动作：取物（→P.24）

疑难解答
我的狗狗太激动，抓住最先看到的物品不放
让狗狗待着别动，坚持10秒，把名字记到心里。多重复念几次物品的名字，让狗狗从远处辨认。

提升训练！ 来自德国的博德牧羊犬Rico能记住200多个物品名字！

小贴士！ 经常跟狗狗说不同物品的名称。狗狗能记住数百个名称。

"碰碰球、棒球、篮球、食物球、棍子、号角、粉红色环、飞盘、哑铃、骨头、吱吱棒……我有一大堆玩具！"

训练内容：
狗狗通过记物名辨认物体。在地上散放几件不同的物品，让狗狗根据名字把对应的物品找出来。

口令
寻找
（物体名称）

① 选一件狗狗已熟悉了名字的有趣的物品，比如碰碰球或棒球。然后跟其他两件狗狗不感兴趣的物品放到一块，比如小锤子或者梳子。

② 指着这些物品，跟狗狗说"寻找（碰碰球）"。狗狗抓住对的物品后奖励它。使用**取物**（→P.24）的口令，鼓励狗狗拿给你。用食物奖励狗狗，而不是给它玩具。否则，狗狗恐怕只会从物品堆里挑玩具了。

③ 再加一件狗狗知道名字的玩具。交替说出玩具名字让狗狗辨认。狗狗选错时，不要责备，但也不要接受。继续跟狗狗说"寻找……"。

预期效果： 这个有趣的游戏确实能让狗狗的脑袋转起来。换不同地点，用不同的玩具练习。狗狗跟我们的学习方式一样——重复学习。因此，坚持训练非常重要！

训练步骤：

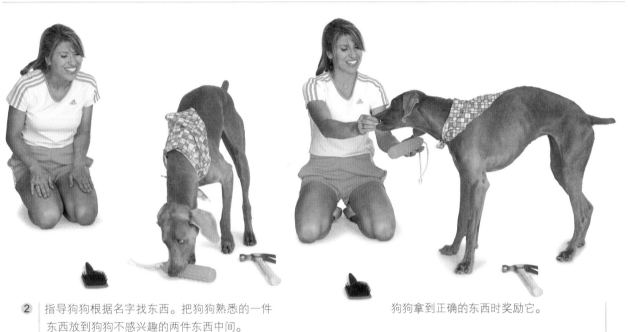

② 指导狗狗根据名字找东西。把狗狗熟悉的一件东西放到狗狗不感兴趣的两件东西中间。

狗狗拿到正确的东西时奖励它。

③ 再加一件狗狗熟悉的物品。让狗狗交替识别两件熟悉的物品。

找回指定物

学前准备
取物（→P.24）

疑难解答
我的狗狗总是取回指定物左边的物品

有一些狗狗为了避开你的手，会导致头向左偏。下次指示目标物时，把手滑过狗狗的项圈。

提升训练！ 做好职业训练的准备了吗？让狗狗长距离盲搜。方向偏离时，吹口哨让狗狗坐下并看向你。抬起左或右胳膊，给狗狗指出一个新的路线。

小贴士！ 每天至少训练你的狗狗20分钟。

训练内容：

用手势指示某个方向，引导狗狗找回指定的东西。这个训练属于实用水平服从测试。训练时可以使用3双白手套或其他物品。

① 准备3个盘子。以自己为圆心，在距离约15英尺（约4.6米）的位置（半圆圆周上）放三个盘子。其中一个盘子放上食物。让狗狗站在你左边，用脚尖冲着放着食物的盘子。给狗狗指出方向——膝盖微弯，手掌打开，让狗从你身后竖直朝向食物的方向跑去，并告诉它"目标"。不要跟狗狗进行眼神交流，因为你想让狗狗看的是盘子而不是你。注意狗狗的头。当狗狗朝正确的方向看时，放开它说"取来"。这是一种自我矫正训练，因为狗狗走错了方向就找不到食物。狗狗弄错了方向时，不要结束训练，并把狗狗叫回。狗狗连续两次犯错后，向食物的方向再移动几步，然后再进行训练。

② 狗狗能读懂你的手势后，把盘子换成三个相同的东西，比如白手套。这次，要求狗狗去取回指定东西。记住脚趾要指向正确方向。在狗狗的目光落到正确的目标物上时，把狗狗放出去。

③ 成功完成一次后，最难的就是盲搜了，也就是，不给方向，让狗狗去找回草丛或灌木内的物品。

预期效果： 相比牧羊犬和小型犬，猎犬通常更容易掌握方向。这个技能训练的是狗狗朝着指定方向直线前进的能力。狗狗掌握这个技能之后用处很多。

口令
目标
取来

手势

"这是我最最喜欢的玩具了。我到哪里都要带着它。"

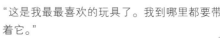

训练步骤:

1 | 伸手给狗狗指示一个目标物。

找到盘子上的食物后奖励狗狗。

2 | 把盘子换做别的东西。

让狗狗去取回。

指定跳栏

训练内容：

"指定跳栏"属于实用水平服从测试之一。在狗狗面前设立两个栏杆，让狗狗根据你的手势跳过对应的栏杆。

① 让狗狗在两个并排的栏杆中的一个前蹲下别动（→P.18）。你站在该栏杆的另一侧，让狗狗跳过栏杆（从上面跳过→P.147）。用另一个栏杆重复此训练。

口令
跳过
手势

② 增加难度。让狗狗还站在其中一个栏杆前面，而你站在两个栏杆中间。举起靠近打算让狗狗跳过的栏杆的胳膊，给狗狗信号。最初，你可能要挥挥胳膊或者手里拿个食物袋或玩具，以便于让狗狗保持对正确的方向注意力。

③ 慢慢移动，直到你和狗都处于两个栏杆的中间位置，面对面站好。使用口令与手势指出对应的栏杆。

预期效果：这个动作看起来虽然不难，但训练过程当中还是会有很多问题。这是一种不错的训练狗狗注意力的练习。

学前准备
别动（→P.18）
跳杆（→P.108）

疑难解答
我的狗狗绕过栏杆而不是跳过栏杆
在这种情况下，阻止狗狗，并把它带回起点。站得离指定栏杆近一点，直到狗狗成功跳过去。

提升训练！从狗狗在你一侧起开始训练，让狗狗跳过栏杆去触碰目标（→P.145），然后引导狗狗再跳回来。

小贴士！苗条的狗狗更健康——不吃剩饭，坚持训练

① 让狗狗在其中一个栏杆前蹲下。　② 你站在两个栏杆中间。

③ 最后，你和狗狗都处于两个栏杆中间位置，然后开始训练。

取扑克

训练内容：

狗狗将学习从摊成扇形的扑克牌中取一张出来。让狗狗成为你魔术表演中最大的亮点。

1. 把单张扑克牌伸向狗狗，跟狗狗说叼住（→P.25）。把扑克稳稳拿在手里。因为牌边比较尖锐，不要伤到狗狗。

口令
叼来

2. 拿三张扑克牌，摊成扇形，指导狗狗叼住一张。狗狗取出后奖励它。

3. 添第四张扑克牌时，将其从其他三张中伸出，让狗狗更易叼住。狗狗有进步时，慢慢把第四张跟其他几张放齐。如果狗狗一次抽出好几张，轻声跟狗狗说"放松"，诱导它慢慢往外抽。抽出两张时，说"哎呀"，不要奖励，再试一次。

4. 做好从整副扑克牌中取扑克的准备了吗？把扑克展成扇形，尽可能大些摊开，把其中几张伸展出来。

预期效果： 任何狗狗都能在一周内学会，但小狗学起来更容易。继续训练，强化技巧，直到狗狗表演得像个专家。回到家发现狗狗在你卧室玩扑克时不要吃惊哟！

② 三张扑克牌扇形摊开。

③ 把一张扑克牌从其他几张中伸展出。

④ 把整副牌摊开，把其中几张伸展出来。

学前准备
叼物（→P.24）

疑难解答
我的狗狗每次叼住的都是扑克牌的边缘

狗狗应牢牢叼住扑克，以免掉到地上。狗狗用嘴抽扑克时攥得紧一些，这样狗狗必须叼得更紧才能将其抽出。

提升训练！ 借助梯形牌——这种牌一头比另一头窄——你的狗狗可以成为魔术师。从中抽出一张牌，然后将其上下颠倒再放回。因为这张牌宽度和其他不同，所以很容易将其找出。

拒绝食物

疑难解答

我的狗狗的视线压根离不开食物

别急……狗狗最终会把头扭到一边的。不要让狗狗在你手上纠缠。狗狗用鼻子嗅个不停时，敲打它的鼻子。哪怕是狗狗的脑袋扭开了一点点，也要奖励，把握好时机。

小贴士！狗狗环视的能力比我们强得多。别被它欺骗了，即使把头扭到一边，狗狗还是能看到食物。

"矛盾是啥意思？"

训练内容：

学会了这个技能后，当你再把食物伸到狗狗面前时，狗狗会把头扭到一边，拒绝你的食物。表演这一技能时可以增加点幽默感，跟狗狗说"我的狗狗只吃干净的热狗"，或者问狗狗："你觉得我的手艺怎么样？"

口令

呸

① 面对狗狗，把食物伸向狗狗。

② 狗狗表现出兴趣时，以反感的语调跟狗狗说"呸"，一边把手收回来，或者轻敲狗狗的鼻子。

③ 重复这一过程，直到狗狗把头扭开，视线离开你的手。密切注视狗狗扭头的一刻，并说"真棒"！向狗狗说出解除口令"OK"，并给它食物。

④ 刚开始，接受狗狗轻微厌恶的目光，逐步延长狗狗把头扭向一边的时间。狗狗掌握后，利用解除口令让狗狗知道可以拿你手上的食物了。"是我的错，这是干净的热狗"。

预期效果：大部分狗狗几周就能学会这一动作。聪明的狗狗很容易就欺骗你，所以训练标准要严格一点，你可以将手在它面前从左向右移动，要求狗变化头的位置，持续拒绝食物。

训练步骤：

① 把食物伸向狗狗。

② 狗狗表现出兴趣时，把手收回来。

③ 密切关注狗狗目光移开的瞬间。

④ 使用解除口令，让狗狗知道现在可以取食物了。

找出有我气味的东西

学前准备
取物（→P.24）
有帮助的动作：寻找彩蛋（→P.98）

疑难解答
狗狗以前的训练挺好的，但不知为何突然困惑了
你是不是换了香皂、洗手液或洗衣粉？食物或药物是否影响了气味？有人在道具周围抽烟吗？换了新的防蚤喷剂？毛毯干净吗？房间有客人？气味的变化会让狗狗突然感到困惑。

提升训练！ 学习跟踪足迹（→P.194），继续气味训练。

训练内容：
在实用服从竞赛中，狗狗要从12个相同的物品中挑出有你味道的那1个。皮质或金属哑铃是常用的道具，但木钉、金属盖或者干净银器也可以用。

① 训练中使用的道具不能有你的味道，这很关键。在不使用道具的时候，把它们拿到室外吹几天，并用夹具固定好。道具上面标上不同的数字，方便自己记住哪个有你的味道。

口令
找我的东西

② 先准备一块带孔的板或垫子，在上面系上2个相同的道具。再取一个相同的道具，在你手掌上摩擦10秒，让上面带有你的味道，同时再加上一些你常用来作为奖励的食物。下一步，把有味道的道具放到没味道的两个道具中间。指导狗狗找出有味道的道具（叼物→P.24）。训练时要温柔。让狗狗自己找出有味道的道具，避免说出类似"不"之类的话。狗狗叼住正确的道具后，马上表扬并奖励食物。

③ 在垫子上再系几个没有味道的道具。如果狗狗遇到困难，鼓励它继续分辨。把食物的味道去掉，让道具上只保留你的味道。

④ 解开所有系着的道具。狗狗挑错道具时，不要理它，那么狗狗就会明白错了。狗狗叼回道具不对时，不要接受，鼓励狗狗继续寻找。

预期效果： 辨别味道是最难训练的技能之一，同时，狗狗在学习时对批评特别敏感。如果狗狗觉得因为选错而被训斥的话，它会质疑自己的理解能力，并可能会逃避训练。

"我不喜欢的事物：火蚁、排队以及菠萝。"

训练步骤：

① 道具上不要有你的味道，并在道具上做好数字标记。

② 垫子上系上两个道具。通过摩擦让第三个道具带上你的味道，然后放到那两个道具中间。

这样，狗狗就拿不走没有味道的道具。

狗狗挑对道具时，表扬它。

③ 在垫子上再系几个没有味道的道具。

④ 解开全部道具。

狗狗挑错道具时不要接受。

鼓励狗狗，不久它就能准确地挑对道具。

搜查违禁品

学前准备
寻找彩蛋（→P.98）

疑难解答

用什么样的茶比较合适？

许多狗狗对薄荷很痴迷！

狗狗能从口袋里找到茶包吗？

是的，但这难度更大，因为茶包的味道会被局限在口袋里。但是，茶包放在口袋里的时间越长，味道越容易被识别。

提升训练！ 现在狗狗已经熟悉了寻找气味，尝试让它找出有我气味的东西（→P.190）。

小贴士！ 狗狗只有明白你对它的预期，才能自信而愉快地完成表演。

训练内容：

让狗狗像侦缉犬一样，掌握靠鼻子搜查违禁品的技能。需要三名志愿者，其中一名拿一个茶包。狗狗搜查带有茶包气味的"违禁品"，并指出携带者。训练狗狗通过坐下、卧倒或者用鼻子摩擦违禁品等方式告诉你它发现了"违禁品"。

① 在狗狗学会寻找藏起来的食物（寻找彩蛋→P.98）后，过渡到寻找茶包。把茶包举到狗狗鼻子前，并说出"闻闻"口令，让狗狗明白这是要找的味道。

口令
闻闻
去找

手势

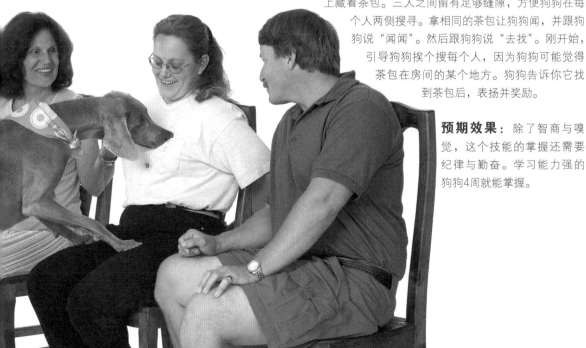

② 把茶包藏到一个显眼的地方，并在茶包上放一块食物。命令狗狗去找，然后奖励。

③ 重复几次后，用食物在茶包上摩擦几下。这次，单独把茶包藏起来。狗狗寻找时，给狗狗鼓励。必要时，可以给狗狗指引方向，跟它一起跑着去找。狗狗可能会走到茶包附近，但不知所措。这时，在茶包上放一块食物，狗狗找到茶包后表扬它。这一转变会让狗狗有些许困惑，但通过学习它会明白：让它找的是茶包不是食物。最后，把茶包藏起来，狗狗找到后，扔块食物犒劳它。

④ 下一步，尝试把茶包放到某个坐在地板上的人的膝盖上。

⑤ 现在，开始真正的训练。三个人坐在椅子上，其中一个人身上藏着茶包。三人之间留有足够缝隙，方便狗狗在每个人两侧搜寻。拿相同的茶包让狗狗闻，并跟狗狗说"闻闻"。然后跟狗狗说"去找"。刚开始，引导狗狗挨个搜每个人，因为狗狗可能觉得茶包在房间的某个地方。狗狗告诉你它找到茶包后，表扬并奖励。

预期效果： 除了智商与嗅觉，这个技能的掌握还需要纪律与勤奋。学习能力强的狗狗4周就能掌握。

训练步骤：

① 把茶包举到狗狗鼻子前，跟狗狗说"闻闻"。

② 把食物放到茶包上面，跟狗狗说"去找"。

③ 把食物往茶包上摩擦，狗狗找到茶包时奖励。

④ 把茶包放到一个人的膝盖上。

⑤ 让狗狗从几个人身上搜查"违禁品"茶包。

跟踪足迹

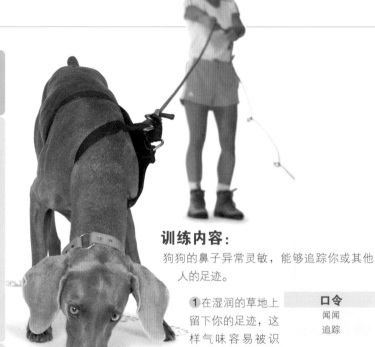

学前准备
趴下（→P.16）
有帮助的动作：寻找彩蛋（→P.98）

疑难解答
狗狗离我的腿很近，就是不往前走
别说话，让狗狗跟着自己的直觉走。跟狗狗说得越多，它越会通过看你来获取方向。

天气冷时我裹得严严实实，留下的味道够吗？
够的，你的味道能透过衣服散发出来。此外，狗狗还能通过被你踩踏的草叶来识别。

提升训练！ 善于追踪的狗狗还能在蜿蜒曲折、地形多样的道路上追踪。

小贴士！ 狗狗通过深呼吸，能把气味传到嗅觉受体进行嗅探。

"追踪人的足迹？我还以为自己是在追踪热狗。"

训练内容：
狗狗的鼻子异常灵敏，能够追踪你或其他人的足迹。

① 在湿润的草地上留下你的足迹，这样气味容易被识别。 先在起点处反复踏步，留下你的"味道区"，然后继续沿直线向前走50码（约46米）。

口令
闻闻
追踪

沿途每隔几步放一块散发气味的食物，比如热狗块，并用小的锥形体或小旗做标记。在小路尽头留下一样有你味道的东西，比如袜子。袜子里填点食物，以吸引狗狗的兴趣。

② 给狗狗套上颈圈，系上一条12英尺（约3.7米）的牵引带，将其带到小路跟前。跟狗狗说"追踪"，让它先找到你留在路上的第一块食物。与服从训练不同，跟踪足迹时让狗狗领着你走——告诉你往哪里走。慢慢向前走，允许狗狗向前拉拽。狗狗偏离路径时不要训斥，但也不要让它拉着你走偏了。

③ 训练有素的警犬找到有气味的物体时，会趴下告诉你目标。在这个训练中，当狗狗走到路尽头并用鼻子摩擦袜子时，告诉狗狗趴下（→P.16），并拿出里面的食物奖励它。

④ 现在，走一条有近乎90度拐角的路径。注意，你走过的路上会留下你的味道，数天都消散不去，因此要变换训练场地。当狗狗从路径的下风口追踪时，可能会根据空气中的味道来跟踪，因此要注意风向。当狗狗变得更独立时，逐步换成20英尺（约6.1米）的牵引绳，同时放食物的间隔更远。过几天等味道变弱后，再让狗追踪，以增加难度。

预期效果： 狗狗有时会偏离路径，有时候会循着风中夹杂的味道而走偏，这两者通常很难区分。但要相信，狗狗明白自己的任务，而你是教练而非教师。狗狗喜欢循着味道找东西，通常几周内就能沿着你的足迹搜寻食物。

训练步骤:

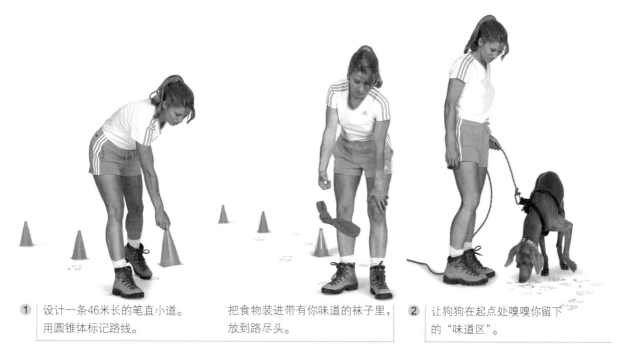

① 设计一条46米长的笔直小道。
  用圆锥体标记路线。

把食物装进带有你味道的袜子里,
放到路尽头。

② 让狗狗在起点处嗅嗅你留下
  的"味道区"。

让狗狗带路,去寻找路上的食物。

③ 狗狗找到袜子时,通过趴下告诉你它
  找到了。

第十二章

"爱我，就要爱我的狗"

因为对狗狗的爱，即便是铁石心肠也能被狗狗的眼神所融化。毛茸茸的狗狗给我们暖被窝、在我们怀里安睡，甚至跟我们接吻。对此，服从训练师以及动物行为主义者可能会嗤之以鼻。但是，规矩的制定就是为了被打破，而且我们发誓，绝不会说出去的！

"爱我，就要爱我的狗"，这句被广泛引用的拉丁格言说的是圣伯纳德犬。几个世纪以来，这句格言几乎在全世界范围内被使用。

用本章介绍的亲密技能庆祝你跟狗狗之间的深厚感情吧！本章这些令人印象深刻的技能会为狗狗赢得每个人的喜爱。

接吻

训练内容：

狗狗用舌头或鼻子吻你或其他人的嘴或脸颊。

① 坐下，跟狗狗保持在同一高度。一边发出口令，并用牙咬住一块食物，一边向前俯身。让狗狗来取食物，并表扬狗狗说"吻得好"。

口令
吻我
手势

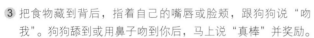

② 如果你不想让狗狗吻你的嘴唇（虽然我想不出什么原因让你拒绝这么做），也可以在脸颊上抹点花生酱，并说"吻我"，让狗狗来舔。

③ 把食物藏到背后，指着自己的嘴唇或脸颊，跟狗狗说"吻我"。狗狗舔到或用鼻子吻到你后，马上说"真棒"并奖励。

④ 现在尝试找个人练习。让这个人脸上抹上花生酱，指着向狗狗发出口令。狗狗舔到脸颊时，跟狗狗说"真棒"，并用食物奖励它。往回退几步，站在离狗狗更远的位置，向狗狗发出接吻的口令。狗狗完成后，让它回到你身边并奖励。

预期效果：狗狗通常一周内就能学会，但有些害羞狗狗需要更多的引导。

疑难解答

狗狗咬到了我的嘴唇

在狗狗取食物时，跟狗狗说"放松"。狗狗如果咬你，拍打下它的鼻子，并说"哎呀"。

狗狗害怕靠近我的脸颊

接近你的嘴巴会让狗狗有种屈服的感觉（这在狗的文化中被理解为会被咬）。完成这个动作需要信任。先尝试把食物举到离你嘴巴几英寸的位置，狗狗去够时，慢慢把食物向你脸颊靠近。

小贴士！ 弱势的狗狗会舔强势狗狗的嘴巴，以此来表示服从。

① 让狗狗吃你齿间的食物。

② 脸颊上抹点花生酱。

③ 指着嘴巴说，"吻我"。

爪子放到胳膊上

训练内容：

狗狗跳着欢迎客人时，教它把爪子放到客人胳膊上，表达对客人的热情。

① 跪在地上，让狗狗站在你左侧。举起左臂，右手拿着食物引导狗狗抬起头。狗狗可能会把一只或两只爪子放到你胳膊上，以便于够到食物。如果它不这样做，用手帮助狗狗完成。狗狗一旦把爪子放到你胳膊上，马上让狗狗吃到。

口令
举起爪子

手势

② 用相同的口令与手势，站着练习。你可以把食物含在嘴里，这样在你做好把食物给狗狗的准备前，可以避免狗狗分心（热狗或奶酪是不错的选择）。

预期效果： 狗狗几节课后就能学会这个技能。你的客人们肯定会因此感谢你。

疑难解答

我的狗狗只把一只爪子放了上来

刚开始，你可以用自己的手帮助狗狗把另一只爪子放上来。

我的狗狗还是跳到人身上！

手势是让你的狗把爪子放到胳膊上的提示。规则一定要清楚。没有指令狗狗还这么做时，要训斥它（假定这是你的规则）。

提升训练！ 狗狗掌握之后，利用相似的动作学习祷告（→P.42）。

小贴士！ 让胳膊与身体成直角，让狗狗从外侧把爪子放上来，以避免狗狗把你推倒，或者自己肩膀伸得太长。

① 引导狗狗把爪子放到你胳膊上，让狗狗咬到食物。

② 站着重复练习这个动作。

头着地

训练内容：

狗狗趴下后，脑袋着地。这是电影里经常见到的场景，"哇！狗狗看起来很伤心。"

口令
头着地

手势

1. 狗狗趴到地上，而你在狗狗一侧跪下。把食物放到地上狗狗够不到的位置。给狗狗"头着地"的指令，同时用另一只手轻推狗狗的脑袋。注意要从狗狗耳朵后面用力。

2. 狗狗下巴落在两爪之间后，让狗狗保持这个姿势几秒钟，然后表扬并把食物滑向狗狗。让狗狗够到食物，然后发出解除指令"OK"，让它咀嚼食物。如果狗狗抵制控制的话，狗狗下巴触地后就奖励它，以免引起狗狗的反抗。

3. 逐步减轻触碰狗狗头部的力度，变持续的推力为短暂的轻拍。一旦狗狗的头着地，让它待着别动几秒钟，然后再奖励。一定要把食物放到地上，引诱狗狗低头去看食物。

预期效果： 在最后阶段，你可以站在距离狗狗远一些的地方，指着地面发出口令。温顺的狗要比支配欲强的狗学得更快。训练要冷静温和，时刻注意狗狗的焦虑程度，以免让狗狗感到不舒服。

疑难解答
我尝试教这一动作时狗狗跑掉了
武力操纵属于灾难性的错误。狗狗会认为你想把它的头按到地上控制或惩罚它。慢慢来，训练时温柔一点，每节课就练习2次或3次。大力表扬狗狗。

提升训练！把指向地面的手指抬高，引导狗狗"抬起头"。

小贴士！年纪大的狗也想让你感到自豪。让它们完成一个力所能及的动作，并大力表扬。

1. 利用食物以及手的帮助，引导狗狗把头落到地上。

2. 把食物滑向狗狗，同时让狗保持正确姿势不动。

3. 利用手势，让狗狗保持对地面的注意力。

遮脸

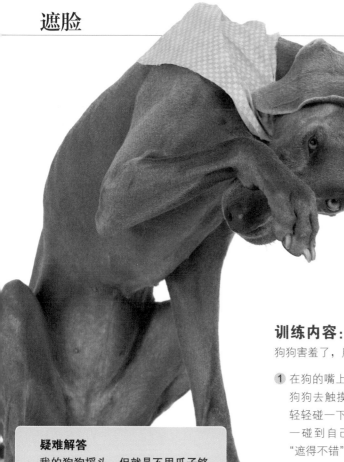

训练内容：

狗狗害羞了，用爪子遮住自己的脸。

① 在狗的嘴上贴一张纸条或胶带，鼓励狗狗去触摸，说："遮住，拿掉！"。轻轻碰一下脸，纸条就会脱落。狗狗一碰到自己的脸，就表扬狗狗，说"遮得不错"。

口令
遮住

手势

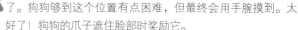

② 让狗狗趴着，在狗狗的眉头中间贴一张纸，在眼睛上面一点的位置就可以了。狗狗够到这个位置有点困难，但最终会用手腕摸到。太好了！狗狗的爪子遮住脸部时奖励它。

③ 使用贴纸条或者用手点击贴纸条位置，交替训练。使用**别动**（→P.18）的口令，让狗狗保持遮脸的姿势几秒钟。

④ 让狗狗坐下进行训练。把纸条贴到狗狗鼻子边上，狗狗抬起爪子去触碰时，从狗狗胳膊下面奖励狗狗。不用纸条进行训练后，狗狗可能只挥舞爪子，不触摸自己脸。出现这一情况后，继续用纸条训练。最终，你要站着发出指令，鼓励狗狗把头抬高。尝试让狗狗在不同姿势下练习这一动作：坐着、趴下或者躬身。

预期效果： 这一训练方法再自然不过了，以至于狗狗都能立刻拿掉纸条。一个月，或者训练200次后，狗狗就能掌握遮脸的动作。不过，不用纸条就能完成动作则需要更长的时间。

疑难解答

我的狗狗摇头，但就是不用爪子够纸条

用黏性更强的纸条，让狗狗不能简单地通过摇头就把纸条抖落。用握手（→P.22）的指令提示狗狗用爪子。把纸条粘在不同部位：眼上、眼下或头顶上。

在狗狗鼻子上贴了纸条后它一动不动

有些狗狗需要鼓励才会去攻击某个物体，哪怕是落在自己鼻子上的臭虫。碰一下纸条，或者让狗狗意识到纸条的存在，并用你的声音去激励它。

小贴士！ 带狗狗出去散步或办事。这有助于狗狗社交技能的培养，而狗狗也会享受不断变换的场景。

训练步骤：

① 鼓励狗狗用爪子拿掉脸上贴的纸条。

② 让狗狗趴下，用爪子遮住脸部。

③ 用手敲打原先贴纸条的位置。

④ 继续使用纸条练习，但这次要让狗狗坐着完成动作。

站起来，鼓励狗狗抬起头。

尝试让狗狗俯身完成遮脸的动作。

挥手告别

训练内容：

狗狗挥手告别。

1. 让狗狗坐下，站在它面前跟它握手（→P.22）。

2. 跟狗狗说"握手，拜拜"，把手伸向狗，但要高于握手的位置。狗狗的爪子举不了那么高，因此，它举起的爪子就像是在空中挥舞。

3. 把手稍微往后收回一些，让狗狗只能够到你的手指。

4. 狗狗将要触摸到你的手指时，把手收回，让狗狗的爪子扑个空。这时一定要表扬，让狗狗理解你就是想让它挥爪子，而不是握手。

口令
拜拜

手势

预期效果：握手掌握得比较好的话，狗狗几节课下来就能成功完成挥手告别的动作。

"拜拜!"

1 让狗狗跟你握手。

2 手伸得比握手时的位置高一些。

3 手拿远一些,让狗狗只能够到你的手指。

4 狗狗快够到你手指时,把手收回。

过渡到使用手势。

"拜拜!"

索引A：按难度等级分类

索引B：按训练目的分类

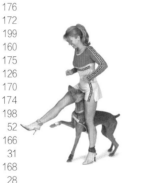

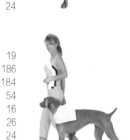

作者简介

　　五岁的威玛猎犬查尔茜是美国最知名的狗狗。她跟她的主人兼驯狗师凯拉·桑德斯在剧场、马戏团、学校表演过，而且还参加过职业比赛的中场演出。她们在《艾伦秀》(Ellen DeGeneres Show)《今夜娱乐》(Entertainment Tonight)、《最佳体育表演时间》(Best Damn Sports Show Period)、《今夜秀》(Tonight Show) 等电视节目上的表演让全国观众惊艳，查尔茜甚至在《今夜秀》的节目上被主持人杰·雷诺 (Jay Leno) 认为是世界上最聪明的狗。复杂的常规表演、滑稽动作以及查尔茜与凯拉的深厚感情都是对动物爱好者的激励。

　　除了表演外，凯拉还与查尔茜进行过多年的服从、敏捷性、跳跃、追捕以及才艺训练，在竞技犬界达到了专家级别水平。

　　凯拉的循序渐进驯狗法已让成千上万人受益，帮助他们从狗狗身上重新找到乐趣。凯拉使用的是积极训练法，旨在加强默契、协作、奖励以及狗狗的本能沟通方式。

　　现在，凯拉和她的丈夫兰迪·巴尼斯 (Randy Banis)，以及查尔茜一起住在加利福尼亚莫哈维沙漠的农场。

摄影师简介

　　尼克·萨林贝尼 (Nick Saglimbeni) 出生于马里兰州的巴尔的摩。1997年，为去南加州大学电影艺术学院深造，尼克搬到了洛杉矶。尼克拍摄了众多商业广告、音乐短片以及微电影，并于2003年取得了美国摄影师协会颁发的传承奖。当时，很多受挫的演员与模特找不到好的摄影师，在听说了这些故事后，尼克在洛杉矶市中心成立了一家名为Slickforce Studio的顶级摄影工作室。工作室很快就赢得了国际社会的认可。尼克的作品登上了许多知名杂志。如今，尼克继续致力于电影与电视的摄影工作。登录网址www.slickforce.com，查看更多尼克的作品。

致 谢

感谢海迪·霍恩（Heidi Horn，凯拉的妈妈兼制作助理、协调员、宠物喂养员）、克莱尔·多尔（Claire Doré，助理驯狗师、顾问兼宠物诱导师），尤其是参与拍摄的所有漂亮、聪慧而又努力的狗狗们：Dana（澳洲杂种狗），Kwest & Kwin（阿拉斯加雪橇犬），Sutton（拉布拉多犬），Gina（苏格兰牧羊犬），Skippy（帕森拉塞尔小猎犬），Cricket（吉娃娃）以及Chalcy（威玛猎犬）。

悼念

本书提交出版社出版前夕，一场悲剧降临到Dana身上，她死于车祸现场。Dana（下图最右）作为动物演员，参与了许多电影电视以及直播节目的演出，她的职业生涯值得尊敬。她非常聪明，心地善良。她必将被知道和喜爱她的人们所缅怀，尤其是她的主人克莱尔（Claire）。